Début d'une série de documents en couleur

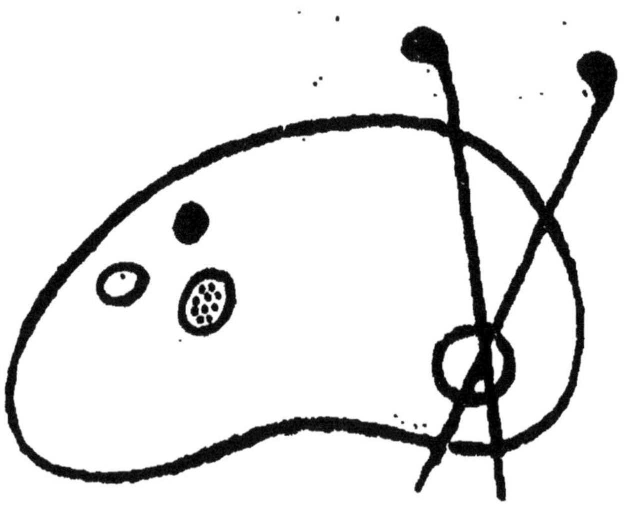

Fin d'une série de documents
en couleur

CLASSIFICATION

DES SCIENCES

CLASSIFICATION

DES

SCIENCES

PAR

HERBERT SPENCER

TRADUIT DE L'ANGLAIS SUR LA TROISIÈME ÉDITION

PAR F. RÉTHORÉ

CINQUIÈME ÉDITION

PARIS
ANCIENNE LIBRAIRIE GERMER BAILLIÈRE ET Cie
FÉLIX ALCAN, ÉDITEUR
108, BOULEVARD SAINT-GERMAIN, 108

1893

PRÉFACE

DE LA TROISIÈME ÉDITION

Dans la préface de la seconde édition, j'a parlé des efforts que j'ai été obligé de faire à l'occasion, pour résister à la tentation d'augmenter cet essai. Des raisons sont survenues depuis qui m'engagent à céder au désir que j'éprouvais alors d'ajouter quelques preuves en faveur de ma thèse.

La cause immédiate de ce changement de résolution a été la publication de plusieurs objections faites par M. le professeur Bain dans sa *Logique*. Consignées dans un ouvrage écrit pour l'usage des écoles, ces objections ont dû attirer mon attention plus que toutes celles qui ont pu se produire suivant les habitudes et les procédés de la critique ordinaire; car, si elles restent sans réponse, elles laisseront dans les esprits des préventions plus durables.

Ayant trouvé dans une interruption de mes travaux ordinaires l'occasion de répondre à ces objections, j'ai jugé à propos de fortifier en même temps mes preuves, en les présentant sous un nouveau point de vue.

Juin 1871.

CLASSIFICATION
DES SCIENCES

I

CLASSIFICATION DES SCIENCES

Dans un essai sur la « genèse de la science », publié pour la première fois en 1854, j'ai cherché à montrer que les sciences ne peuvent être rationnellement disposées dans un ordre sériaire. Dans cet opuscule, consacré en partie à la critique de la classification de Comte, j'ai prouvé que ni l'ordre de succession suivant lequel cet auteur dispose les sciences, ni tout autre ordre suivant lequel on peut les disposer, ne représentent, soit leur dépendance logique, soit leur dépendance historique. J'avais alors laissé de côté la question de savoir comment il serait possible de déterminer exactement les rapports des sciences entre elles ; aujourd'hui, c'est cette question même que je me propose d'examiner.

Une véritable classification renferme, dans chaque classe, les objets qui ont entre eux plus de caractères communs que chacun d'entre eux n'en a avec tous les objets exclus de cette classe. En outre, les caractères qui sont communs aux objets groupés ensemble, et qui n'appartiennent pas à d'autres objets, ont plus d'importance que tous ceux qui peuvent appartenir à d'autres objets, c'est-à-dire enveloppent un plus grand nombre de caractères subordonnés. Ce sont là les deux faces d'une même définition; car les choses qui possèdent en commun le plus grand nombre d'attributs sont précisément celles qui possèdent en commun ces attributs essentiels dont les autres dépendent; et, réciproquement, la possession en commun des attributs essentiels implique la possession en commun du plus grand nombre d'attributs. Il suit de là que l'un ou l'autre caractère peut servir, suivant les circonstances et les besoins.

Par conséquent, s'il est possible de classer les sciences, cela ne peut avoir lieu qu'en groupant ensemble les objets semblables et en groupant à part les objets qui en diffèrent, suivant la définition donnée plus haut. C'est ce que nous allons essayer de faire.

La division naturelle des sciences la plus large est celle qui les partage en deux classes : les sciences qui ont pour objet les rapports abstraits sous lesquels les phénomènes se présentent à nous, et celles qui ont pour objet les phénomènes eux-mêmes. Les relations de n'importe quel ordre ont l'une avec l'autre plus d'affinité qu'elles n'en ont avec n'importe quel objet. Les objets de n'importe quel ordre ont l'un avec l'autre plus d'affinité qu'ils n'en ont avec n'importe quelle relation. Soit que l'espace et le temps ne soient, comme quelques-uns le pensent, que les formes de la pensée, ou soit que, comme je le pense moi-même, ils soient les formes des choses, devenues formes de la pensée au moyen de la connaissance organisée et héréditaire des choses, toujours est-il vrai que l'espace et le temps sont absolument différents des choses qu'ils renferment, et que les sciences qui s'occupent exclusivement de l'espace et du temps sont séparées par une ligne profonde de démarcation des sciences qui s'occupent des choses renfermées dans l'espace et le temps. L'espace est une idée abstraite qui embrasse tous les rapports de coexistence. Le temps est une idée abstraite qui embrasse tous les rapports de succession. Or, comme les rapports de coexistence et de succession, dans leurs formes générales et particulières, sont l'unique objet de la logique et de la mathématique, celles-ci forment une classe de sciences qui diffèrent beaucoup plus des autres sciences que ces dernières ne diffèrent entre elles.

Les sciences qui s'occupent, non pas des formes vides sous lesquelles les choses nous apparaissent, mais des choses elles-mêmes, comportent une subdivision moins profonde que la division indiquée plus haut, mais plus profonde que n'importe quelle division entre les science, considérées chacune à part. Elles se partagent en deux classes, différentes d'aspect, de but et de méthodes. Chaque phénomène est plus ou moins complexe, est la manifestation d'une force sous plusieurs modes distincts. De là deux objets de recherche: nous pouvons étudier chacun à part les différents modes d'une force, ou bien nous pouvons les étudier dans leurs rapports, c'est-à-dire en tant qu'ils concourent à la production de ce phénomène complexe. D'un côté, négligeant toutes les circonstances des cas particuliers, nous pouvons chercher à dégager les lois de chaque mode de force, en tant qu'il agit seul; de l'autre côté, tenant compte de toutes les circonstances des cas particuliers, nous pouvons chercher à expliquer le phénomène tout entier, en tant qu'il est le produit de plusieurs forces agissant simultanément. Les vérités obtenues par le premier mode d'investigation, bien que concrètes en tant qu'elles portent sur une réalité objective, sont néanmoins abstraites en tant qu'elles se rapportent à des modes d'existence considérés séparément les uns des autres, tandis que les vérités obtenues par le second mode d'investigation sont proprement concrètes en tant qu'elles représentent les faits dans leur état de combinaison, c'est-à-dire tels qu'ils existent dans la nature.

On peut donc présenter ainsi qu'il suit les principales divisions de la science :

La science est	celle qui traite des formes sous lesquelles les phénomènes nous apparaissent.		Science abstraite.	Logique et mathématiques.
	celle qui traite des phénomènes eux-mêmes, étudiés	dans leurs éléments.	Science abstraite-concrète.	Mécanique. Physique. Chimie, etc.
		dans leur ensemble.	Science concrète.	Astronomie. Géologie, biologie. Psychologie. Sociologie, etc.

Il est nécessaire de dire quel sens j'attache ici aux mots *abstrait* et *concret*, car ils sont quelquefois pris dans d'autres sens. Comte divise la science en abstraite et en concrète ; mais les divisions qu'il établit par ces mots sont du tout au tout différentes de celles que je donne ici. Au lieu de regarder certaines sciences comme entièrement abstraites et d'autres comme entièrement concrètes, il regarde chaque science comme étant en partie abstraite et en partie concrète. Il y a, selon lui, une mathématique abstraite et une mathématique concrète, une biologie abstraite et une biologie concrète. « Il faut distinguer, dit-il, par rapport à tous les ordres de phénomènes, deux genres de sciences naturelles : les unes abstraites, générales, ont pour objet la découverte des lois qui régissent les diverses classes de phénomènes, en considérant tous les cas qu'on peut concevoir ; les autres concrètes, particulières, descriptives, et qu'on désigne quelquefois sous le nom de *sciences naturelles proprement dites*, consistent dans l'application de ces lois à l'histoire effective de différents êtres existants. » Et pour appuyer cette distinction sur des exemples, il cite la physiologie générale comme science abstraite, et la zoologie et la botanique comme sciences concrètes. Ici il est évident que les mots *abstrait* et *général* sont employés comme synonymes. Ils ont cependant des significations différentes qu'il importe de distinguer ici. Le mot *abstrait* s'applique à un fait qui est détaché de la somme des circonstances d'un phénomène particulier ; le mot *général* s'a plique à un fait qui résume ou représente plusieurs faits analogues. D'un côté, on considère les caractères propres d'un phénomène, indépendamment des autres phénomènes auxquels il peut être mêlé ; de l'autre côté, on ne considère que la répétition où la fréquence du phénomène, sans se préoccuper de savoir s'il est ou non mêlé à d'autres phénomènes. Les relations idéales des nombres sont à la fois abstraites et générales ; mais, hors de là, une vérité abstraite ne peut jamais être un objet de perception, tandis qu'une vérité générale est un objet de perception dans tous les cas possibles. Quelques exemples rendront cette distinction claire : c'est une vérité abstraite que l'angle inscrit dans un demi-cercle est un angle droit, abstraite en ce sens qu'elle est affirmée non de demi-cercles et d'angles réels, qui sont toujours imparfaits, mais de demi-cercles et d'angles conçus par abstraction sur le modèle des demi-cercles et des angles concrets ; mais cette vérité abstraite n'est pas une vérité générale, soit en ce sens qu'elle se manifeste communément dans la nature, soit en ce sens qu'elle consiste dans un rapport dans l'espace comprenant beaucoup de rapports secondaires de la même espèce, car elle consiste dans un rapport dans l'espace tout à fait particulier. Autre exemple : que le mouvement d'un corps le force à se mouvoir en ligne droite avec une vitesse uniforme, c'est une vérité abstraite-concrète : une vérité abstraite, puisqu'elle est séparée de certains faits dont l'ensemble constitue un phénomène concret ; mais cette vérité n'est nullement une vérité générale ; elle l'est si peu qu'aucun fait dans la nature ne nous en fournit d'exemple. Réciproquement, ce qui nous entoure nous fournit des milliers de vérités générales qui ne sont nullement abstraites. C'est une vérité générale que les planètes tournent autour du soleil de l'ouest à l'est, vérité dont nous avons une centaine d'exemples environ sous les yeux (même en ce qui concerne les astéroïdes); mais cette vérité n'est point du tout abstraite, puisque dans tous les cas elle se réalise pour nous dans un phénomène concret. Tous les vertébrés ont un double système nerveux ; tous les oiseaux et les mammifères ont un sang chaud :

voilà autant de vérités générales, mais concrètes, c'est-à-dire que chaque vertébré nous offre individuellement la manifestation entière et absolue de cette dualité du système nerveux, que chaque oiseau vivant nous offre un type parfait de son espèce en tant qu'elle est considérée comme race à sang chaud. Ce que nous appelons et ce que nous devons appeler ici vérité générale est simplement une proposition qui *résume* certains faits actuellement observés par nous, et non pas l'expression d'une vérité *tirée* de nos observations actuelles, mais qui ne se réalise dans aucun des faits observés. En d'autres termes, une vérité générale résume un certain nombre de vérités particulières, tandis qu'une vérité abstraite ne résume pas des vérités particulières, mais formule une vérité qui est impliquée dans un certain nombre de phénomènes, mais qui cependant ne se montre actuellement réalisée dans aucun d'eux.

En ramenant ainsi les mots à leur signification propre, il devient évident que les trois classes de sciences présentées plus haut ne peuvent être distinguées les unes des autres par leurs degrés de généralité. Toutes sont également générales, ou plutôt universelles, si on les considère comme groupes. Chaque objet, quel qu'il soit, fournit à chacune d'elles sa matière propre, et cela en même temps. La particule de matière la plus petite présente à la fois des vérités abstraites, qui sont les relations dans le temps et dans l'espace, des vérités abstraites-concrètes, qui sont les modes d'actions particuliers par lesquels la force se manifeste dans cette particule, et enfin des vérités concrètes, qui sont les lois de l'action combinée de ces différents modes de force. Ainsi ces trois classes de sciences s'occupent, chacune à part, de classes de faits différentes, mais coextensives. Dans chaque groupe se trouvent des vérités plus ou moins générales : des vérités abstraites générales et des vérités abstraites particulières ; des vérités abstraites-concrètes générales et des vérités abstraites-concrètes particulières ; des vérités concrètes générales et des vérités concrètes particulières. Mais si, dans chaque classe, les groupes qui la divisent et la subdivisent diffèrent entre eux par leurs degrés de généralité, les classes elles-mêmes ne diffèrent que par degrés d'abstraction (1).

---

(1) Certaines propositions émises par Littré dans son livre publié récemment et intitulé *Auguste Comte et la Philosophie positive* exigent un examen qui ne sera point déplacé ici. Dans sa réponse franche et courtoise aux critiques que j'ai faites, dans la *Genèse de la science*, de la classification de Comte, il essaye d'expliquer certaines contradictions signalées par moi en établissant une distinction entre la généralité objective et la généralité subjective. « Il existe, dit-il, deux ordres de généralités : l'une objective et dans les choses ; l'autre subjective, abstraite et dans l'esprit. » Cette phrase, par laquelle Littré identifie la généralité subjective et l'abstraction, m'avait d'abord porté à croire qu'il avait en vue la même distinction que j'ai établie plus haut entre la généralité et l'abstraction. Mais, en relisant le paragraphe, je me suis aperçu qu'il n'en est pas ainsi. Dans une phrase précédente, il dit : « La biologie a passé de la considération des organes à celle des tissus, plus généraux que les organes, et de la considération des tissus à celle des éléments anatomiques, plus généraux que les tissus. Mais cette généralité croissante est subjective, non objective ; abstraite, non concrète. » Ici il est évident que les mots *abstrait* et *concret* ont à peu près le sens que leur donne Comte, qui, comme nous l'avons vu, regarde la physiologie générale comme abstraite, et la zoologie et la botanique comme concrètes. Et il est évident que le mot *abstrait*, dont on se sert ici, n'est pas employé dans son sens propre. Car, comme on l'a montré plus haut, des faits tels que ceux de la structure anatomique ne peuvent être des faits abstraits, mais peuvent être seulement plus ou moins généraux. Il m'est aussi impossible de me mettre au point de vue de Littré lorsqu'il regarde ces faits plus géné-

Passant aux subdivisions de ces classes, nous trouvons que la première peut se diviser en deux parties : l'une contenant des vérités universelles,

---

raux de la structure anatomique comme *subjectivement* généraux et non *objectivement* généraux. Les phénomènes organiques présentés par un tissu quelconque, tel que la membrane muqueuse, sont plus généraux que les phénomènes présentés par tel ou tel organe formé par la membrane muqueuse, simplement en ce sens que les phénomènes particuliers à la membrane se renouvellent dans un plus grand nombre de cas que les phénomènes particuliers à tel ou tel organe que la membrane contribue à former. Et pareillement les faits relatifs aux éléments anatomiques des tissus sont plus généraux que les faits relatifs à un tissu particulier, en ce sens que ce sont des faits présentés dans un plus grand nombre de cas par les corps organisés ; ils sont *objectivement* plus généraux, et si l'on peut dire qu'ils sont *subjectivement* plus généraux, c'est seulement dans le sens que la conception correspond aux phénomènes.

Tâchons d'éclairer ce point. Il y a, comme le dit avec raison Littré, une généralité décroissante qui est objective. Si nous laissons de côté les phénomènes de *dissolution*, qui sont des changements du particulier au général, tous les changements que subit la matière sont du général au particulier, sont des changements qui impliquent une généralité décroissante dans les groupes réunis de propriétés. Telle est la marche des *choses*. La marche de la *pensée* est non seulement dans la même direction, mais encore dans une direction opposée. L'étude de la nature nous offre un nombre toujours croissant de faits particuliers ; mais elle nous offre en même temps des faits de plus en plus généraux dans lesquels se résument les faits particuliers. Prenons un exemple. La zoologie, à mesure qu'elle va multipliant le nombre des espèces et complétant la connaissance de chaque espèce (généralité décroissante), va découvrant les caractères l'autre des vérités non universelles. Ayant pour unique objet les relations considérées indépendamment des choses mêmes entre lesquelles

---

communs par lesquels les espèces se groupent en genres (généralité croissante). Ces deux procédés sont l'un et l'autre subjectifs, et, dans ce cas, les deux espèces de vérités découvertes sont concrètes, c'est-à-dire formulent des phénomènes qui se sont actuellement manifestés.

Littré, tout en reconnaissant la nécessité de modifier sur certains points la hiérarchie des sciences telle qu'elle a été établie par Comte, la regarde néanmoins comme vraie en substance, et, pour preuve de sa valeur, il met surtout en avant la *constitution* essentielle des sciences. Il n'est pas nécessaire d'examiner ici en détail les arguments dont il se sert pour prouver que la *constitution* essentielle de chaque science justifie l'ordre dans lequel Comte les a disposées. Il suffira de renvoyer aux pages qui précèdent et à celles qui vont suivre : on y trouvera la définition de ces caractères fondamentaux qui exigent une classification des sciences analogue à celle que nous avons indiquée. Comme nous l'avons déjà montré, et comme nous le montrerons encore plus clairement dans la suite, les différences radicales qui existent entre les sciences nous forcent à les diviser en trois classes : sciences abstraites, sciences abstraites-concrètes et sciences concrètes. Pour voir combien cette division des sciences diffère de la classification de Comte, il suffira de jeter un coup d'œil sur cette dernière. La voici :

Mathématiques (embrassant la mécanique rationnelle) en partie abstraites, en partie abstraites-concrètes.

Astronomie.	Concrète.
Physique.	Abstraite-concrète.
Chimie.	Abstraite-concrète.
Biologie.	Concrète.
Sociologie.	Concrète.

elles existent, la science abstraite recherche en premier lieu ce qui est commun à toutes les relations en général, et, en second lieu, ce qui est commun à chaque ordre de relations en particulier. Outre les connexions indéfinies et variables qui existent entre les phénomènes, en tant qu'ils se *manifestent* ensemble dans le temps et dans l'espace, nous trouvons qu'il y a aussi des connexions définies et invariables, — qu'il y a, entre chaque espèce de phénomènes et certaines autres espèces de phénomènes, des relations uniformes. C'est une *vérité* abstraite universelle qu'il y a un ordre immuable pour les choses, en tant qu'elles existent dans le temps et dans l'espace. Nous arrivons ensuite aux différentes espèces de relations invariables, qui, prises ensemble, forment l'objet de la seconde division de la science abstraite. La subdivision la plus générale de cette seconde division est celle qui s'occupe des caractères ou de la nature des rapports dans le temps et dans l'espace, considérés indépendamment des termes entre lesquels ils existent. Les conditions qui nous permettent d'affirmer un rapport de coïncidence ou de proximité dans le temps ou dans l'espace (ou un rapport de non-coïncidence ou de non-proximité), forment le sujet ou la matière de la logique. Ici la qualité et la quantité des termes entre lesquels les rapports sont affirmés (ou niés) sont de nulle importance : les propositions de logique sont indépendantes de toute spécification qualitative ou quantitative des choses unies par des rapports. L'autre subdivision a pour objet ou pour matière les relations entre des termes qui sont spécifiés au point de vue de la quantité, mais non au point de vue de la qualité. Les termes en relation sont étudiés ici dans leur quantité, sans aucun égard à leur nature ou leurs qualités ; et les mathématiques ont pour but d'établir les lois de la quantité considérée indépendamment de la réalité. La quantité considérée indépendamment de la réalité est la place occupée dans l'espace ou le temps, et la place occupée dans l'espace ou le temps se mesure par le nombre, par des étendues juxtaposées ou des durées successives ; c'est-à-dire que les quantités peuvent être comparées et les rapports entre elles établis, seulement par une énumération directe ou indirecte de leurs unités composantes, et que les unités dernières, dans lesquelles toutes les autres sont décomposables, sont des points occupés dans l'espace, qui, perçus ou conçus par l'esprit, se transforment en points occupés dans le temps. Parmi les unités qui ne sont pas spécifiées dans leurs natures (extensive, protensive ou intensive), mais auxquelles l'esprit donne une existence idéale et distincte des attributs, les relations quantitatives que l'on conçoit sont les relations les plus générales qui puissent s'exprimer par les nombres. Les relations de ce genre se divisent en deux espèces, selon que les unités sont considérées simplement comme capables d'occuper des points séparés dans la conscience, ou selon qu'elles sont considérées comme occupant des points non seulement séparés, mais égaux. Dans un cas, nous avons ce calcul indéfini par lequel des nombres d'existences abstraites, mais non pas des quantités d'existence abstraite, sont susceptibles d'être déterminés. Dans l'autre cas, nous avons ce calcul défini par lequel des nombres d'existences abstraites et des quantités d'existence abstraite sont tout ensemble susceptibles d'être déterminés. Vient ensuite cette division des mathématiques qui s'occupe des relations quantitatives des grandeurs, ou des agrégats d'unités, considérés comme coexistant ou comme occupant une partie de l'espace ; — elle s'appelle Géométrie. Et alors nous arrivons à ces relations dont les termes embrassent à la fois des quantités de durée et des quantités d'étendue ; — celles dans lesquelles on évalue les temps par les unités d'espace parcourues d'une vitesse uniforme, et celles dans lesquelles, des unités égales de temps étant données, on évalue les espaces parcourus avec des vitesses *uniformes ou variables*. Ces sciences abstraites, qui traitent exclusivement des rapports et des rapports entre les rapports, peuvent être groupées comme dans le tableau I, page 19, ci-contre.

Passant des sciences qui traitent des *formes* vides ou idéales des relations, aux sciences qui

Tableau I

Loi universelle de relation. — Formule qui exprime cette vérité : qu'il existe des uniformités de connexion entre les modes de l'être, sans tenir compte de la nature ou des caractères spécifiques de ces uniformités.

- **Loi des relations**
  - qui sont qualitatives, ou qui sont spécifiées dans leurs natures comme relations de coïncidence ou de proximité dans le temps et dans l'espace, mais non pas nécessairement dans leurs termes, termes dont la nature et la quantité sont indifférentes (*Logique*). (1).
  - qui sont quantitatives (*Mathématiques*)
    - Négativement : les termes de relations étant des positions dans l'espace, soutenant entre elles des rapports définis ; et les faits affirmés étant des négations de certaines quantités (*Géométrie de position*) (2).
    - Positivement : les termes étant des grandeurs composées
      - d'unités qui sont égales seulement en tant qu'elles existent indépendamment les unes des autres (*Calcul indéfini*) (3).
      - d'unités égales
        - dont l'égalité n'est pas définie comme extensive protensive ou intensive (*Calcul défini*).
          - Lorsque leurs nombres sont complètement spécifiés (*Arithmétique*).
          - Lorsque leurs nombres sont spécifiés seulement
            - dans leurs relations (*Algèbre*)
            - dans les relations de leurs relations (*Calculs des opérations*).
        - Dont l'égalité est celle de l'extension.
          - Considérée dans leurs relations de coexistence *Géométrie*).
          - Considérée dans le temps,
            - qui est indéfini dans son tout (*Cinématique*).
            - qui est divisé en unités égales (*Géom. du mouvement*) (4)

ette
ition
asse
des
ns appelées nécessai-
ais non celles des rela-
appelées contingentes.
ernières, dans lesquelles la probabilité d'une
tion induite varie avec le nombre de fois que
connexion s'est offerte à l'expérience, sont
ment l'objet des mathématiques.
ci, pour exprimer les termes *quantitatives négative-*
il suffira de citer comme négativement quantitative
proposition : *Trois lignes données se rencontreront*
point, puisque cette proposition implique la négation
te quantité d'espace entre leurs intersections. Pareillement l'assertion que
oints donnés tomberont sur une ligne droite est une proposition négativement quantitative, puisque
ception d'une ligne droite implique la négation de toute quantité latérale ou de toute déviation.
ans la crainte que le sens de cette division ne soit pas compris, il peut être bon de prendre ici pour exemple les estimations du
cien. Les calculs touchant la population, les crimes, les maladies, etc., arrivent à des résultats qui ne sont exacts que numériquement,
ui ne le sont pas par rapport à la totalité des êtres ou des faits représentés par les nombres.
n demandera peut-être comment il peut y avoir une géométrie du mouvement dans laquelle ne rentre pas la conception de la force.
ondra que les relations du mouvement dans le temps et dans l'espace peuvent être considérées indépendamment de la matière.

traitent des relations réelles ou des relations entre des objets réels, nous arrivons d'abord à ces sciences qui s'occupent des réalités, non pas telles qu'elles se manifestent habituellement sous nos yeux, mais telles qu'elles se manifestent dans leurs modes différents, lorsque ceux-ci sont artificiellement séparés les uns des autres. De même que les sciences abstraites sont idéales par rapport aux sciences abstraites-concrètes et par rapport aux sciences concrètes, de même les sciences abstraites-concrètes sont idéales par rapport aux sciences concrètes. De même que la logique et les mathématiques ont pour objet de généraliser les lois des relations qualitatives et quantitatives, considérées en dehors des objets entre lesquels elles s'établissent, de même la mécanique, la physique, la chimie, etc., ont pour objet de généraliser les lois de relation auxquelles obéissent les propriétés de la matière et du mouvement, lorsqu'elles sont, chacune en particulier, séparées de toutes les circonstances phénoménales qui les modifient dans la réalité. De même que le géomètre formule les propriétés des lignes et des surfaces, indépendamment de l'épaisseur et des irrégularités des lignes et des surfaces, telles qu'elles existent dans la réalité, de même le physicien et le chimiste formulent les manifestations de chaque mode de la force, indépendamment des perturbations qu'elles subissent, dans chaque cas particulier, de la part des autres modes de la force. Dans les ouvrages sur la mécanique, les lois du mouvement sont formulées sans tenir compte du frottement et de la résistance du milieu. On y explique, non ce que le mouvement est dans la réalité, mais ce qu'il serait s'il n'était pas modifié par les forces retardatrices. Si l'on tient compte d'une force retardatrice, alors l'effet de cette force est considéré seul, abstraction faite des autres forces retardatrices. Que l'on considère aussi les généralisations du physicien touchant le mouvement moléculaire. La loi suivant laquelle la lumière se propage, en raison inverse du carré des distances, est vraie d'une manière absolue, seulement lorsque le rayonnement a lieu d'un point sans dimensions, ce qui n'a jamais lieu ; la même loi implique aussi que les rayons sont parfaitement droits, ce qui ne peut arriver, à moins que le milieu ne soit différent de tous les milieux que nous connaissons, c'est-à-dire parfaitement homogène. Si l'on étudie les perturbations causées par la différence des milieux, les formules qui expriment les lois de la réfraction prennent pour accordé que les milieux différents sont homogènes, ce qui n'a jamais lieu dans la réalité. Même lorsqu'on cherche à expliquer les effets changeants des causes changeantes, comme lorsqu'on veut soumettre au calcul la réfraction subie par la lumière traversant un milieu de densité toujours croissante, comme l'atmosphère, on suppose toujours des conditions qui ne se réalisent jamais, on suppose que l'atmosphère n'est pas traversée par des courants hétérogènes, supposition contraire à ce qui a toujours lieu. On peut faire les mêmes observations par rapport aux recherches du chimiste : il ne prend pas les substances telles que la nature les lui présente. Avant de procéder à l'étude de leurs propriétés respectives, il les purifie, il les sépare de tous les éléments hétérogènes. Avant de déterminer la gravité spécifique d'un gaz, il le dégage de la vapeur d'eau avec laquelle il se trouve mêlé. Avant de décrire les propriétés d'un sel, il se met en garde contre toute erreur qui pourrait naître de la présence d'une partie non combinée d'acide ou de base. Et lorsqu'il affirme d'un élément qu'il a un certain poids atomique, et qu'il se combine avec tels ou tels équivalents d'autres éléments, il ne veut pas dire que les résultats ainsi formulés soient exactement les résultats auxquels on arrive dans une expérience particulière ; mais il affirme que ce sont les résultats auxquels on arriverait, après beaucoup d'essais, si l'on pouvait obtenir une pureté parfaite, et si l'expérience pouvait avoir lieu sans perte. Le but qu'il se propose, c'est de déterminer les lois de la combinaison des molécules, non telles qu'elles se montrent actuellement, mais telles qu'elles se montreraient en l'absence de ces influences dont l'action imperceptible ne peut être neutralisée. Ainsi toutes ces sciences abstraites-concrètes ont pour objet l'*explication analytique* des phénomènes. Dans chaque cas, le but qu'on se propose est de décomposer le phénomène, de séparer les uns des autres tous les éléments qui le composent, ou d'en séparer deux ou trois du reste. Si quelquefois on y fait usage de la synthèse, ce n'est que pour vérifier l'analyse (1). Les vérités découvertes sont toutes présentées, non

(1) Je dois à M. le professeur Frankland de m'avoir rappelé une objection qui peut être faite à cette assertion. La production de composés nouveaux au moyen de la synthèse est devenue depuis peu une branche importante de la chimie. D'après certaines lois connues, des substances composées qui n'existaient pas auparavant sont formées et justifient toutes les prévisions en ce qui concerne leurs propriétés générales et les proportions dans lesquelles leurs éléments se combinent, ce qui est prouvé par l'analyse. Ici on peut dire avec vérité que l'analyse est employée pour vérifier la synthèse. Néanmoins, l'exception que l'on oppose à ce que j'ai avancé plus haut est apparente seulement, mais non réelle. La production de composés nouveaux, en tant qu'elle se propose simplement pour but d'obtenir de nouvelles substances, n'est pas une science, mais un art, c'est-à-dire l'application de connaissances antérieures à la réalisation d'une fin. Le procédé n'est une partie de la science qu'en tant qu'il est un moyen de mieux expliquer l'ordre de la nature. Or comment peut-il nous être utile pour cette fin ? Ce ne peut être qu'en vérifiant les conclusions déjà établies touchant les lois de la combinaison moléculaire ou en nous servant à les expliquer plus clairement. C'est-à-dire que les synthèses, envisagées de leur côté scientifique, ont simplement pour but de *faire faire des progrès à l'analyse des lois de la combinaison chimique.*

comme des vérités qui se montrent dans tel ou tel objet particulier, mais comme des vérités qui peuvent s'affirmer universellement de la matière et du mouvement, considérés dans leurs formes générales ou spéciales, indépendamment des objets particuliers et des lieux qu'ils peuvent occuper dans l'espace.

Les subdivisions de ce groupe de sciences peuvent être établies sur le même principe que celui sur lequel reposent les subdivisions du groupe précédent. Les phénomènes, considérés comme manifestations plus ou moins complexes de la force, se ramènent, en dernière analyse, à certaines lois de manifestation qui sont universelles, et à d'autres lois de manifestation qui, dépendant de certaines conditions, ne sont pas universelles. Il suit de là que les sciences abstraites-concrètes peuvent premièrement se diviser en lois de la force, considérée en elle-même et indépendamment de ses modes distincts, et en lois de la force, considérée dans chacun de ses modes séparés. Et cette seconde division des sciences abstraites-concrètes comporte des subdivisions essentiellement analogues. Il est inutile de définir ici ces différents ordres et ces différents genres de sciences. Le tableau II (page 27, ci-contre) indiquera suffisamment leurs rapports.

Nous arrivons maintenant à la troisième grande classe. Nous en avons fini avec les sciences qui s'occupent exclusivement des formes vides des relations sous lesquelles l'être se manifeste à nous. Nous avons laissé derrière les sciences qui s'occupant de l'être sous son mode universel, et de ses divers modes particuliers considérés comme indépendants, posent les termes de ses relations comme simples et homogènes, caractères qu'ils n'ont jamais dans la nature. Il nous reste les sciences qui, étudiant ces modes de l'être tels qu'ils sont, liés les uns aux autres, prennent pour termes de relations ces combinaisons hétérogènes de forces qui constituent les phénomènes actuels. L'objet de ces sciences concrètes est le réel, en tant qu'il s'oppose à ce qui est idéal complètement ou partiellement. Leur but n'est pas de séparer et de généraliser à part les éléments de tous les phé-

Tableau II

Loi des forces telles qu'elles se manifestent dans la matière

- Lois universelles des forces (tensions et pressions), comme se déduisant de la persistance de la force : théorèmes de décomposition et de la composition des forces.
- Dans les masses (*Mécanique*),
  - qui sont en équilibre par rapport à d'autres masses...............
    - et sont solides (*Statique*).
    - et sont fluides (*Hydrostatique*).
  - qui ne sont pas en équilibre par rapport à d'autres masses........
    - et sont solides (*Dynamique*) :
    - et sont fluides (*Hydrodynamique*).
- Dans les molécules (*Mécanique moléculaire*).
  - en équilibre (*Statique moléculaire*),
    - donnant les propriétés statiques de la matière.....
      - générale : impénétrabilité, étendue.
      - spéciale : formes résultant de l'équilibre moléculaire.
    - donnant les propriétés statico-dynamiques de la matière (cohésion, élasticité, etc.)
      - solide.
      - liquide.
      - gazeuse.
  - non en équilibre. (*Dynamique moléculaire*),
    - comme produisant un changement dans la disposition des molécules.
      - qui altère leurs positions relatives au point de vue de l'homogénéité,
        - produisant une augmentation de volume (expansion. liquéfaction, évaporation.
        - produisant une diminution de volume (condensation, solidification, contraction).
      - qui altère leurs positions relatives au point de vue de l'hétérogénéité (*Chimie*),
        - produisant d'autres rapports entre les molécules (composés nouveaux).
        - produisant d'autres rapports entre les forces (nouvelles affinités).
    - comme produisant un changement dans la distribution du mouvement moléculaire,
      - qui par *intégration*, engendre le mouvement sensible.
      - qui, par désintégration, engendre le mouvement insensible, sous les formes de
        - chaleur.
        - lumière.
        - électricité.
        - magnétisme.

nomènes, mais d'expliquer chaque phénomène comme le produit de ces éléments combinés. Leurs relations ne sont pas, comme celles des sciences abstraites-concrètes les plus simples, des relations entre un antécédent et un conséquent; elles ne sont pas non plus, comme celles des sciences abstraites-concrètes les plus compliquées, des relations entre un petit nombre d'antécédents, séparés par abstraction des autres antécédents, et un petit nombre de conséquents également séparés par abstraction des autres conséquents; mais elles sont des relations dont chacune a pour termes un plexus complet d'antécédents et un plexus complet de conséquents. Ceci est manifeste pour les sciences concrètes les moins compliquées. L'astronome cherche à expliquer le système solaire. Il ne s'arrête pas après avoir généralisé les lois du mouvement planétaire, tel que ce mouvement existerait, s'il n'y avait qu'une seule planète; mais il résout ce problème abstrait-concret, pour que cela l'aide à résoudre le problème concret des mouvements planétaires combinés ensemble. Dans le langage des astronomes, les mots « théorie de la Lune » signifient l'explication des mouvements de la Lune, non comme simplement déterminés par les forces centripètes et centrifuges, mais comme perpétuellement modifiés par la gravitation vers le renflement équatorial de la Terre, vers le Soleil, et même vers Vénus; — forces qui varient de jour en jour dans leur intensité et dans leurs combinaisons. Et l'astronome ne s'arrête pas non plus, lorsqu'il a déterminé par le calcul la position d'un corps donné à une époque donnée, en tenant compte de toutes les influences perturbatrices; mais il continue en examinant les effets produits par réaction sur les forces perturbatrices elles-mêmes; il continue en examinant comment ces perturbations mutuelles des planètes produisent, dans une longue période, des déviations croissantes d'un état moyen, et ensuite comment des forces contraires produisent un décroissement continu dans les déviations. C'est-à-dire que le but auquel il tend est l'explication complète de ces mouvements planétaires complexes, considérés dans leur totalité. Il en est de même du géologue. Il ne se pose pas seulement pour problème ces irrégularités de la croûte terrestre, qui sont produites par dénudation, ni seulement celles qui sont produites par l'action du feu. Il ne cherche pas seulement à comprendre comment les terrains de sédiment furent formés, comment les désordres dans les couches minérales furent produits, comment les moraines furent formées, ou comment les lits des lacs alpins furent creusés. Mais, tenant compte de toutes les influences, de leur concours sans fin et de leurs combinaisons toujours changeantes, il se propose pour but d'expliquer la structure entière de la croûte terrestre. S'il étudie à part l'action de la pluie, des rivières, des glaciers, des banquises, des marées, des vagues, des volcans, des tremblements de terre, etc., c'est pour être plus à même de connaître leur action combinée sur les phénomènes géologiques, l'objet de la science étant de généraliser ces phénomènes, considérés dans leurs rapports complexes et comme parties d'un seul tout. Pareillement la biologie est l'élaboration d'une théorie complète de la vie étudiée dans chacune et dans l'ensemble de ses manifestations complexes. Si les phénomènes vitaux sont examinés à part et sous quelques-uns de leurs aspects seulement, si un observateur s'occupe de la classification des formes organiques, un autre de leurs dissections, un autre de leur composition chimique, un autre de leurs fonctions, un autre des lois suivant lesquelles ils se modifient, tous, qu'ils le sachent ou qu'ils l'ignorent, concourent à l'explication du phénomène vital tout entier, tel qu'il se manifeste dans chaque organisme en particulier et dans tous les organismes en général. Ainsi, dans ces sciences concrètes, le but est la converse de celui qu'on se propose dans les sciences abstraites-concrètes. Dans un cas, nous avons l'*explication analytique;* dans l'autre cas, nous avons l'*explication synthétique.* Au lieu de la synthèse employée simplement pour vérifier l'analyse, l'analyse est ici employée seulement pour aider la synthèse. Le but n'est pas maintenant de découvrir les facteurs des phénomènes, mais de décrire les phénomènes produits par ces facteurs, tels que l'univers les présente, avec leurs circonstances variées.

Cette troisième classe de sciences peut, comme les autres classes, se diviser en deux ordres de vérités : celles qui sont universelles et celles qui ne le sont pas. De même qu'il y a des vérités relatives aux phénomènes considérés dans leurs éléments, de même il y a des vérités relatives aux phénomènes considérés dans leur totalité. De même que la force a certaines lois dernières communes à chacun de ses modes de manifestation, de même, dans ces combinaisons de forces qui constituent les phénomènes actuels, nous trouvons certaines lois dernières qui sont appliquées dans chaque cas particulier. Ce sont là les lois de la redistribution des forces. Puisque nous ne pouvons prendre connaissance d'un phénomène que par un changement opéré en nous, chaque phénomène implique nécessairement une redistribution de force, — un changement dans les combinaisons de la matière et du mouvement. Dans les mouvements des molécules comme dans les mouvements des masses se manifeste une grande et même uniformité. Une quantité décroissante de mouvement, sensible ou insensible, est toujours accompagnée d'une agrégation croissante de matière ; et de l'autre côté, une quantité croissante de mouvement, sensible ou insensible est accompagnée d'une agrégation décroissante de matière. Donnez aux molécules d'une masse une plus grande quantité de ce mouvement insensible que l'on appelle chaleur, et les parties de cette masse perdent quelque chose de leur cohésion. Ajoutez une plus grande quantité de mouvement insensible, et la cohésion devient si faible que la masse se liquéfie ; augmentez encore le mouvement insensible, et la masse se convertit en gaz, lequel occupe un espace d'autant plus grand que l'on augmente davantage la quantité de mouvement insensible. D'un autre côté, chaque perte de mouvement insensible par une masse gazeuse, liquide ou solide, est accompagnée d'une condensation progressive de la masse. Il en est de même des mouvements sensibles, que les corps mus soient grands ou petits. Augmentez la vitesse des planètes, et leurs orbites deviendront plus grands ; — le système solaire occuperait un plus grand espace. Diminuez leur vitesse, et leurs orbites deviendront plus petits ; — le système solaire occuperait un plus petit espace. Pareillement nous voyons que tout mouvement sensible à la surface de la terre implique une désagrégation partielle du corps en mouvement d'avec la terre, tandis qu'une perte de mouvement est accompagnée d'une agrégation plus grande de ce corps avec la terre. Dans tous les phénomènes, nous avons, en même temps, ou une agrégation de matière et une perte de mouvement, ou une absorption de mouvement et une désagrégation de matière. Et là où, comme dans les corps vivants, ces deux phénomènes ont lieu simultanément, l'agrégation de la matière est proportionnée à la perte du mouvement, et l'absorption du mouvement proportionnée à la désagrégation de la matière. Telles sont les lois universelles de cette redistribution de matière et de mouvement qui a lieu partout; — redistribution qui aboutit à une *évolution*, quand l'agrégation de la matière et la perte du mouvement prédominent, mais qui aboutit à une *dissolution* partout où l'augmentation du mouvement et la désagrégation de la matière prédominent. De là une division de la science concrète, qui est aux autres sciences concrètes ce que la loi universelle de relation est aux mathématiques, et ce que la mécanique universelle (composition et décomposition des forces) est à la physique, une division de la science concrète qui généralise les lois de cette redistribution qui a lieu pour tous les objets concrets de tout ordre ; — division qui explique pourquoi, suivant que l'agrégation de la matière et la perte du mouvement prédominent, il y a passage de l'homogénéité indéfinie, incohérente, à une hétérogénéité définie, cohérente, et pourquoi une redistribution contraire de matière et de mouvement est accompagnée d'un changement contraire dans la structure des corps. Passant de cette science concrète universelle aux sciences concrètes non universelles, nous trouvons que celles-ci peuvent d'abord se diviser en deux parties : la science qui traite des redistributions de matière et de mouvement entre les masses dans l'espace, en tant qu'elles agissent et réagissent les unes sur les autres comme masses ; et la science qui traite des redistributions de matière et de mouvement, résultant des actions réciproques des molécules dans chaque masse. De ces deux sciences, également générales, la dernière peut se subdiviser en deux sciences : l'une qui se borne aux lois de la redistribution entre les molécules de chaque masse, considérée comme indépendante ; et l'autre qui s'occupe des lois du mouvement moléculaire communiqué par d'autres masses. Mais ces divisions et leurs subdivisions se verront mieux dans le tableau III.

Il est évident, je crois, que ces grandes divisions des sciences, et leurs subdivisions respectives, sont conformes à la définition, que nous avons donnée au commencement, d'une véritable classification. Les sujets de recherche renfermés dans chaque division principale possé-

Tableau III

Lois
- Lois universelles de la redistribution continue de la matière et du mouvement, laquelle aboutit à une évolution là où prédominent l'intégration de la matière et la perte du mouvement, et aboutit à une dissolution là où prédominent l'absorption du mouvement et la désintégration de la matière.
- Loi des redistributions de matière et de mouvement ayant lieu actuellement
  - entre les corps célestes dans leurs relations les uns avec les autres comme masses (*Astronomie*), comprenant :
    - la dynamique de notre univers stellaire (*Astronomie sidérale*).
    - la dynamique de notre système solaire (*Astronomie planétaire*).
  - entre les molécules de n'importe quelle masse céleste, comme produites par
    - les actions de ces molécules les unes sur les autres, (*Astrogénie*),
      - aboutissant à la formation de molécules composées (*Minéralogie solaire*).
      - aboutissant aux mouvements moléculaires et à la genèse des forces rayonnantes (1).
      - aboutissant aux mouvements des gaz et des liquides (*Météorologie solaire*) (2).
    - les actions de ces molécules les unes sur les autres, jointes à l'action exercée sur elles par les forces venant des molécules d'autres masses (*Géogénie*),
      - telles qu'elles se montrent dans les planètes en général.
      - telles qu'elles se montrent sur la terre,
        - produisant la composition et la décomposition des matières inorganiques (*Minéralogie*).
        - produisant les redistributions des gaz et des liquides (*Météorologie*).
        - produisant les redisributions des solides (*Géologie*).
        - produisant les phénomènes organiques qui sont : (*Biologie*)
          - les phénomènes de structure (*Morphologie*)
            - généraux.
            - spéciaux.
          - les phénomènes de fonction
            - dans leurs relations internes (*Physiologie*)
              - généraux.
              - spéciaux.
            - dans leurs relations externes (*Psychologie*)
              - généraux.
              - spéciaux
                - séparés.
                - combinés. (*Sociologie*) (3).

(1) Il ne faut pas supposer que ceci signifie des forces produites chimiquement. Le mouvement moléculaire auquel on fait ici allusion comme se dissipant en rayonnements, est l'équivalent de ce mouvement sensible qui se perd pendant l'intégration de la masse des molécules, qui résulte de leur attraction mutuelle.

(2) Embrassant l'explication de certains phénomènes, comme les taches du soleil, les facules et les couronnes de flammes.

(3) Le manque d'espace m'empêche de rien ajouter à la courte indication de ces subdivisions.

dent en commun des attributs essentiels qui n'appartiennent à aucun des objets renfermés dans les autres divisions principales, et, par conséquent, un plus grand nombre d'attributs communs par lesquels ils ressemblent chacun en particulier à tous les objets groupés ensemble, et par lesquels ils diffèrent des objets groupés autrement. Entre les sciences qui traitent des relations indépendamment des réalités et les sciences qui traitent des réalités, la distance est aussi grande qu'elle peut l'être, puisque l'existence avec quelques-uns de ses attributs ou avec tous ses attributs est commune à toutes les sciences de la seconde classe, tandis qu'elle est exclue de toutes les sciences de la première classe. La distinction entre les formes vides des choses et les choses elles-mêmes est une distinction au delà de laquelle on ne peut aller. Et lorsque nous divisons les sciences qui traitent des réalités en celles qui traitent de leurs éléments pris à part, et celles qui traitent de leurs éléments combinés, nous établissons une distinction plus profonde que celle qui peut exister entre les sciences qui traitent de l'une ou de l'autre des parties composantes, ou entre celles qui traitent de l'un ou de l'autre ordre des choses composées. Les trois groupes de sciences peuvent être brièvement définis : — lois des *formes;* lois des *facteurs;* lois des *produits;* et quand on les définit ainsi, il devient manifeste que les groupes sont tellement dissemblables dans leurs natures, qu'ils sont séparés comme par un abîme, et qu'une science appartenant à l'un des groupes est différente des sciences de tout autre groupe, au point que toute transposition est impossible. Si l'on considère leurs fonctions, on verra mieux encore les différences radicales qui les séparent. Le premier groupe, celui des sciences abstraites, sert d'instrument par rapport aux deux autres; le second ou celui des sciences abstraites-concrètes sert d'instrument par rapport au troisième, celui des sciences concrètes. Si l'on essaye d'intervertir l'ordre de ces fonctions, on verra immédiatement combien sont essentielles leurs différences de caractères. Le second et le troisième groupe fournissent au premier son sujet ou sa matière, et le troisième fournit sa matière au second; mais aucune des vérités qui constituent le troisième groupe ne peut servir pour la solution des problèmes présentés par le second; et aucune des vérités qui constituent le second groupe ne peut servir pour la solution des problèmes présentés par le premier. Il reste peu de choses à dire touchant les subdivisions de ces trois grands groupes. Dire que chacun des groupes, s'étendant à tous les phénomènes, contient des vérités qui sont universelles, et que ces dernières doivent être classées à part, c'est dire une chose évidente par elle-même. Que les subdivisions des vérités non universelles puissent être présentées à peu près comme elles le sont dans les tableaux, c'est ce qui est prouvé par ce fait que les mots, lus à partir de la racine jusqu'à l'extrémité de chaque branche, donnent une définition de la science qui constitue cette branche même. Que les divisions moins importantes puissent être autrement disposées et mieux définies, c'est ce que je regarde comme très possible. Les tableaux n'ont été composés que pour montrer quel procédé de méthode on peut employer dans ce genre de classification.

Je n'ajouterai qu'une dernière remarque : c'est que les relations des sciences ainsi présentées ne le sont encore que bien imparfaitement : leurs relations peuvent être figurées non sur un plan, mais sur une surface à trois dimensions. Les trois groupes ne peuvent être placés sur le prolongement d'une ligne droite, comme ils le sont ici. En effet, le premier se relie au troisième par le second, d'une manière non seulement indirecte, mais encore directe, puisqu'il lui sert directement d'instrument et qu'il reçoit de lui son sujet ou sa matière. Les relations des groupes ne peuvent être figurées que par des rameaux sortant de la même racine, mais se développant les uns à côté des autres et en sens divers. C'est par un arrangement de cette nature seulement que l'on pourra représenter exactement les rapports qui existent entre les subdivisions de chaque groupe.

II

POST-SCRIPTUM, EN RÉPONSE AUX CRITIQUES

Parmi les objections qui peuvent être faites à une doctrine, celles qui viennent de partisans déclarés d'une doctrine contraire doivent être, toutes choses égales d'ailleurs, considérées comme ayant moins de poids que celles qui viennent d'écrivains qui ne sont attachés à aucune doctrine contraire, ou qui n'y sont attachés qu'en partie. La prévention, réelle dans le premier cas, absente à peu près ou tout à fait dans le second, est une cause bien connue de différence dans la valeur des jugements, pourvu que ceux-ci soient d'ailleurs susceptibles d'être comparés. Par conséquent, lorsque l'on est obligé de se renfermer dans un espace restreint, on fait bien de répondre aux objections des critiques indépendants plutôt qu'à des objections qui, au fond, ne sont que des arguments indirects en faveur d'une doctrine contraire, antérieurement adoptée.

C'est pour cette raison que je me propose de me borner ici, autant que possible, aux critiques dirigées contre la classification ci-dessus par M. le professeur Bain dans son récent ouvrage sur la logique. Avant de répondre à celles qui sont les plus graves, essayons de déblayer le terrain en écartant d'abord celles qui le sont moins.

Lorsqu'il discute mes vues touchant la place que doit occuper la logique dans une classification des sciences, M. Bain remarque, en passant, que la logique, la plus abstraite des sciences, emprunte beaucoup à la psychologie, que je range parmi les sciences concrètes; et il prétend trouver une contradiction entre ce fait et mon assertion que les sciences concrètes ne peuvent servir d'instrument pour la découverte des vérités appartenant aux sciences abstraites. Ailleurs, il relève encore cette apparente anomalie, en disant: « Il n'est pas possible de trouver des raisons légitimes, de mettre la psychologie tout entière au nombre des sciences concrètes. C'est une science analytique au suprême degré, comme M. Spencer le sait parfaitement. »

Pour une réponse complète, donnée implicitement, je puis renvoyer M. Bain au chapitre 56 des *Principes de Psychologie*, où j'ai soutenu que « si, en tant qu'objective, la psychologie doit être classée parmi les sciences concrètes, sciences qui diminuent graduellement en étendue à mesure que leur spécialité augmente; en tant que subjective, elle constitue une science tout à fait à part, unique dans son espèce, indépendante de toutes les autres sciences, et *antithétiquement* opposée à chacune d'elles. Un idéaliste pur ne reconnaîtra pas cette distinction, je le suppose; mais, pour tout autre, je crois, il doit être évident que la science des existences subjectives trouve un corrélatif dans toutes les sciences des existences objectives, et qu'elle en est aussi absolument distincte que le sujet est distinct de l'objet.

La psychologie objective, que je classe parmi

les sciences concrètes, est purement synthétique, tant qu'elle se borne, comme les autres sciences, à des données objectives; toutefois, pour l'interprétation de ces données, on tire un grand secours de la correspondance observée entre les phénomènes de la psychologie objective, tels qu'ils se représentent dans les autres êtres, et les phénomènes de la psychologie subjective, tels qu'ils se présentent sur le théâtre de la conscience. Or, c'est la psychologie subjective seule qui est analytique et qui aide au développement de la logique. Cette explication fait disparaître l'apparente contradiction dont il s'agit.

Nous pouvons maintenant passer à une difficulté soulevée par M. Bain, relativement au langage dont je me suis servi pour expliquer la nature des mathématiques. Voici ce qu'il écrit :

« Premièrement, on peut trouver à redire au langage dont il se sert dans sa discussion sur les sciences les plus abstraites, lorsqu'il parle des *formes vides* qu'on y considère. Dire de l'espace et du temps qu'ils sont des formes vides, c'est dire que le premier peut être conçu sans l'idée préalable d'une substance étendue quelconque, et que le second peut être conçu sans l'idée d'une succession concrète, quelle qu'elle soit. Or, cette doctrine est on ne peut plus contestable. »

J'accorde à M. Bain que « cette doctrine est on ne peut plus contestable »; mais je n'admets pas qu'elle soit impliquée dans la définition que j'ai donnée de la science abstraite. Je parle de l'espace et du temps, comme on en parle, et comme il est seulement possible d'en parler dans les mathématiques pures. Si, pour les points, les lignes et les surfaces, les mathématiques font habituellement usage de certains objets concrets, elles ne les emploient habituellement que comme représentant des points, des lignes et des surfaces purement idéales, et *leurs conclusions ne sont légitimes qu'à la condition qu'il en soit ainsi*. Dans leurs définitions, elles refusent aux points les dimensions, aux lignes la largeur, aux plans l'épaisseur. La géométrie, il est vrai, emploie des représentations matérielles de l'étendue linéaire, superficielle ou solide ; mais elle nie hautement leur matérialité et ne s'attache qu'aux vérités de relation qu'elles présentent. Admettant avec M. Bain que la conception de l'espace nous est suggérée par les idées que nous avons de l'étendue ; ayant essayé, comme je l'ai fait dans les *Principes de Psychologie*, de prouver que cette conception est une idée complexe, embrassant toutes les relations de coexistence qui se sont successivement présentées à l'esprit en présence de la matière, je soutiens cependant qu'il est possible d'abstraire ces relations de la matière, et de les formuler en vérités abstraites ; je soutiens aussi que ce genre d'abstractions ne diffère en rien des abstractions que l'on fait habituellement dans d'autres cas, de celle, par exemple, à laquelle on a recours, pour formuler (comme on le fait dans le système de Comte) les lois générales du mouvement, en ne tenant aucun compte des propriétés des corps dont on s'occupe, excepté de celle de recevoir, de conserver et de transmettre certaines quantités de mouvement, bien que ces propriétés ne puissent être conçues comme existant en dehors de l'étendue, attribut que l'on néglige à dessein.

Prenant d'autres objections de M. Bain, non dans l'ordre où elles se trouvent, mais dans l'ordre qui convient le mieux au but que je me propose, je cite le passage suivant :

« La loi du rayonnement de la lumière (en raison inverse du carré des distances) est considérée par M. Spencer comme concrète-abstraite, tandis que les perturbations causées par les milieux ne peuvent être traitées qu'en optique, science concrète. Nous n'avons pas besoin de remarquer qu'une séparation de ce genre est inconnue à la science. »

Il est parfaitement vrai « qu'une séparation de ce genre est inconnue à la science ». Mais, malheureusement pour l'objection, il est parfaitement vrai aussi que cette prétendue séparation n'est ni proposée par moi, ni impliquée dans ma classification. Comment M. Bain a-t-il pu se tromper ainsi sur le sens que j'ai donné au mot « concrète » ? C'est ce que je ne puis comprendre. Après avoir remarqué que « jamais personne » n'a tracé comme moi une ligne de démarcation entre les sciences concrètes-abstraites et les sciences concrètes, il me reproche une anomalie qui n'existe que dans la supposition que j'ai tracé cette ligne à l'endroit où on a l'habitude de la tracer. Guidé, à ce qu'il paraît, par la conception de Comte qui regarde l'optique comme une science concrète, et appliquant, sans s'en douter, cette conception à ma classification, il porte à mon avoir une contradiction qui ne m'appartient pas. Si M. Bain veut se donner la peine de relire la définition des sciences concrètes-abstraites, ou d'étudier leurs subdivisions telles qu'elles sont présentées dans le tableau II, il verra, je crois, qu'on y trouve réunies les lois les plus spéciales et les lois les plus générales de la redistribution de la lumière ; et s'il passe à la définition et à la classification des sciences concrètes, il verra, je pense, non moins clairement que l'optique ne peut en faire partie.

M. Bain pense que je n'ai aucune raison de mettre la chimie au nombre des sciences concrètes-abstraites, et d'exclure de son domaine la considération des formes brutes des diverses substances dont elle s'occupe; et il fonde son dissentiment sur le fait que les chimistes décrivent habituellement le minerai et les matières impures avec lesquelles les éléments, etc., se trouvent naturellement mêlés. Sans doute, les chimistes en agissent ainsi. Mais ont-ils pour cela la prétention de considérer la description du minerai d'une substance comme une partie intégrante de la science qui étudie sa constitution moléculaire ainsi que la constitution de tous les composés particuliers dans lesquels elle entre? je serais très surpris qu'ils eussent cette prétention. Les chimistes placent ordinairement en tête de leurs ouvrages une division qui traite de la physique moléculaire; mais ils ne regardent pas pour cela la physique moléculaire comme une partie de la chimie. S'ils mettent également en tête de la chimie de chaque substance une esquisse de sa minéralogie, je ne pense pas qu'ils considèrent pour cela la seconde comme faisant partie de la première. La chimie proprement dite n'embrasse que l'étude de la constitution des propriétés et des divers degrés d'affinité des substances considérées comme absolument pures; et elle ne reconnait pas plus les substances impures que la géométrie ne reconnait les lignes irrégulières.

Immédiatement après, critiquant la distinction fondamentale que j'ai établie entre la chimie et la biologie, considérées, l'une comme concrète-abstraite, l'autre, comme concrète, M. Bain s'exprime ainsi ;

« Mais les objets de la chimie et les objets de la biologie sont tous également concrets ; les corps simples de la chimie et leurs différents composés sont considérés par le chimiste comme des touts concrets, et sont décrits par lui, non par rapport à un seul facteur, mais par rapport à tous leurs facteurs. »

On nous fournit ici l'occasion favorable d'élucider la question générale. Il est vrai que, *dans des vues d'identification*, un chimiste décrit toutes les qualités sensibles d'une substance, qu'il tient compte de sa forme cristalline, de sa pesanteur spécifique, de son pouvoir de réfracter la lumière, de son action magnétique ou diamagnétique. Mais considère-t-il pour cela ces phénomènes comme faisant partie de la science de la chimie ? Il me semble que le rapport entre le poids d'un corps et son volume, rapport qui se détermine en mesurant la pesanteur spécifique, est un phénomène physique et non un phénomène chimique. Je pense aussi que le physicien réclamera, comme partie de sa science, toutes les recherches touchant la réfraction de la lumière, quelle que soit la substance qui produit cette réfraction. Et la circonstance que le chimiste peut constater la propriété magnétique ou diamagnétique d'un corps, comme moyen de reconnaître ce qu'il est, ou comme moyen d'aider les autres chimistes à s'assurer s'ils ont devant eux le même corps, ne sera regardée ni par le chimiste, ni par le physicien, comme une preuve que l'on fait passer un phénomène magnétique du domaine de l'un dans le domaine de l'autre.

En résumé, bien que le chimiste, dans l'étude d'un corps simple ou composé, puisse, tout en examinant sa constitution moléculaire et ses affinités, constater certaines qualités physiques qu'il y rencontre, il ne change pas par cela même ces propriétés physiques en propriétés chimiques. Quoi que les chimistes puissent mettre dans leurs livres, la chimie, considérée comme science, n'embrasse que les phénomènes de structure et de changements moléculaires, de compositions et de décompositions (1). Je soutiens donc que la chimie n'étudie rien comme tout concret, différente en cela de la biologie qui

(1) Quelqu'un dira peut-être que les phénomènes accidentels, comme ceux de la chaleur et de la lumière produites durant les opérations chimiques, doivent être classés parmi les phénomènes chimiques. Selon moi, cependant, le physicien prétendra que tous les phénomènes de redistribution de mouvement moléculaire, qu'elle qu'en soit l'origine, sont du domaine de la physique. Mais quelque difficulté qu'il y ait à tracer la ligne qui sépare la physique de la chimie (et comme je l'ai indiqué en passant dans les *Principes de Psychologie*, § 55, les deux sciences sont intimement unies par les phénomènes de l'allotropie et de l'isomérisme), cette difficulté n'existe pas moins pour la classification de Comte que pour toute autre, et je puis ajouter qu'il ne résulte de là aucun inconvénient pour la classification que je défends. La physique et la chimie ayant été rangées par moi au nombre des sciences concrètes-abstraites, la difficulté qu'il peut y avoir à les distinguer l'une de l'autre ne peut affecter en rien la distinction que j'ai établie entre la grande classe de sciences à laquelle elles appartiennent toutes deux, et les deux autres grandes classes.

étudie un organisme comme tout concret. Ceci devient plus évident encore si on examine les caractères des recherches biologiques. Tous les attributs d'un organisme, depuis les plus généraux jusqu'aux plus spéciaux ; — depuis les phénomènes de structure les plus apparents jusqu'aux plus cachés ; depuis les mouvements externes qui frappent d'eux-mêmes notre attention jusqu'aux plus petites subdivisions de ses nombreuses fonctions internes ; depuis les caractères qu'il possède à l'état de germe jusqu'aux divers changements de grandeur, de forme, d'organisation et d'habitudes qu'il subit jusqu'à la mort ; depuis les caractères physiques qui le distinguent comme tout, jusqu'aux caractères physiques de ses cellules, de ses vaisseaux et de ses fibres microscopiques ; depuis les propriétés chimiques de sa substance en général, jusqu'aux propriétés chimiques de chaque tissu et de chaque sécrétion ; — ces attributs, dis-je, et ces phénomènes, la biologie les embrasse tous, ainsi que beaucoup d'autres, et non-seulement elle comprend tout cela, mais elle comprend aussi, comme but idéal de la science, ce *consensus* ou cet accord de tous les phénomènes dans leurs coexistences et dans leurs successions à former un tout individuel, parfaitement un et occupant une place déterminée dans l'espace et le temps. C'est ce caractère *d'individualité* dans son objet qui fait de la biologie, comme de toute autre science de la même classe, une science concrète. De même que l'astronomie s'occupe de corps qui ont chacun leur nom propre, ou qui sont classés d'après leur position (comme cela se fait pour les plus petites étoiles), et considère chacun d'eux comme un individu distinct; de même que la géologie, tandis qu'elle aperçoit obscurément dans la lune et les plus proches planètes d'autres groupes de phénomènes géologiques (qu'elle considérerait comme des touts indépendants si la distance ne s'y opposait), s'occupe de ce groupe individuel de phénomènes que présente la terre ; de même la biologie s'occupe soit d'un individu distingué de tous les autres, soit de parties ou de produits appartenant à un individu, soit de la structure ou des fonctions communes à beaucoup d'individus déjà connus du même genre, et supposées communes à d'autres individus qui leur ressemblent dans la plus grande partie ou dans la totalité de leurs attributs. Chaque vérité biologique correspond à un objet particulier, individuel, ou à plusieurs objets particuliers, individuels de la même espèce, ou à plusieurs espèces composées chacune d'objets individuels. Constatons donc ici les contrastes et les différences. Les vérités des sciences concrètes-abstraites n'impliquent nullement l'individualité spécifique. Ni la physique *molaire*, ni la physique moléculaire, ni la chimie ne s'en préoccupent. Les lois du mouvement s'expriment sans que l'on tienne aucun compte de la grandeur ou de la forme des masses qui se meuvent ; celles-ci peuvent être indifféremment des soleils ou des atomes. Les rapports entre la contraction et la perte du mouvement moléculaire, entre la dilatation et l'absorption du mouvement moléculaire, s'expriment dans leurs formes générales sans que l'on fasse attention à l'espèce de la matière ; et si, pour une espèce particulière de matière, on cherche à déterminer ces rapports, on le fait sans tenir compte de la quantité de cette matière, encore moins de son individualité. Il en est de même de la chimie. Lorsqu'elle recherche le poids atomique, la structure moléculaire, l'atomicité d'une substance et les proportions dans lesquelles elle se combine, etc., peu lui importe qu'il s'agisse d'un gramme ou d'un kilogramme, — la quantité étant absolument étrangère à la question. Et il en est de même des attributs plus spéciaux : Le soufre considéré chimiquement n'est pas le soufre considéré sous sa forme cristalline, ou sous sa forme visqueuse et allotropique, ou considéré comme liquide, ou comme gaz, mais le soufre considéré indépendamment de tous ces attributs qui se tirent de la quantité, de la forme, de l'état, etc., et qui lui donnent l'individualité.

M. Bain trouve « plus qu'arbitraire » la distinction que j'ai établie entre la science concrète de l'astronomie et cette science concrète-abstraite des mouvements modifiés par l'action réciproque de masses hypothétiques dans l'espace; il s'exprime ainsi :

« Nous pouvons supposer une science qui « se bornerait uniquement aux facteurs », ou aux éléments séparés, sans aller jusqu'à l'étude d'une troisième réalité qui résulterait de leur combinaison. Cette hypothèse est intelligible et très soutenable. En astronomie, par exemple, la loi du mouvement, s'exécutant toujours en ligne droite, pourrait, ainsi que la loi de gravitation, se discuter, abstraction faite de toute espèce de mobile; et ces deux théories entreraient dans la partie concrète-abstraite de la mécanique; et elles pourraient alors être réunies dans une partie *concrète* pour l'étude du mouvement d'un projectile ou d'une planète. Telle n'est pas, cependant, d'après M. Spencer, la ligne de démarcation. Il permet à la mécanique théorique de faire cette combinaison particulière, et d'arriver aux lois du mouvement planétaire, *dans le cas d'une seule planète*. Ce qu'il ne permet pas, c'est d'aller jusqu'à l'hypothèse de deux planètes, ou d'une planète et d'un satellite, modifiant réciproquement leur mouvement, ce qu'on appelle communément « le problème des trois corps ».

Si j'avais dit ce que M. Bain me fait dire, j'aurais dit une absurdité; mais il s'est trompé sur ma pensée; et sa méprise vient en partie de ce que, ici, comme ailleurs, il prend le mot « concret » dans le sens que lui a donné Comte, comme si je l'avais pris dans le même sens, et en partie de ce que je ne me suis pas expliqué assez clairement. Je n'ai pas le moins du monde voulu dire que la science concrète-abstraite de la mécanique, lorsqu'elle traite des mouvements des corps dans l'espace, se borne à l'explication du mouvement planétaire tel qu'il se produirait, s'il n'existait qu'une seule planète. Je n'aurais jamais pensé que mes paroles pussent être interprétées ainsi (voyez page 28). Les problèmes concrets-abstraits sont, en fait, susceptibles d'une complication indéfinie, sans jamais aller au delà de la définition. Je n'ai point, comme M. Bain le prétend, tracé de ligne de démarcation entre la combinaison de deux facteurs et la combinaison de trois, ni entre la combinaison de tout autre nombre de facteurs et un plus grand nombre. Mais je sépare la science qui s'occupe de la théorie des facteurs, pris isolément, ou combinés deux à deux, trois à trois, quatre à quatre ou en plus grand nombre, de la science qui, *donnant à ces facteurs la valeur qui se tire de l'observation des objets actuels, se sert de la théorie pour expliquer les phénomènes actuels.*

Il est vrai que, dans ces départements de la science, on ne reconnaît pas toujours la distinction radicale qui existe entre la théorie et les applications de la théorie.

« Newton, dit M. Bain, a, dans le premier livre des *Principes*, pris le problème des trois corps, l'a appliqué à la lune, et l'a suivi dans toutes ses conséquences. Ainsi, ceux qui écrivent sur la mécanique théorique continuent de faire entrer dans leurs livres le problème des trois corps, la théorie de la précession et l'explication des marées. »

Mais, si imposante que soit l'autorité de Newton comme mathématicien et comme astronome, et si grands que soient les noms de Laplace et Herschell, qui, dans leurs ouvrages, ont également mêlé les théorèmes aux applications qu'ils en ont faites, je ne pense pas que ces faits soient d'un bien grand poids, à moins qu'il ne soit bien démontré que ces écrivains, en agissant ainsi, aient eu l'intention d'émettre leurs idées touchant la classification des sciences. Ce mélange d'éléments divers qui se trouve dans leurs ouvrages, et qui n'y a été introduit que pour plus de commodité, n'est, au fond, que l'indice du développement incomplet de la science; ce qui se rencontre dans d'autres sciences plus simples qui, plus tard, ont franchi leurs étroites limites. Ce fait est prouvé par deux exemples que nous pouvons citer : le mot géométrie qu'il est impossible maintenant d'appliquer à la science telle qu'elle existe, lui convenait autrefois parfaitement, lorsque le petit nombre de vérités qu'elle renfermait n'étaient enseignées que comme préparation à l'arpentage et à l'architecture; mais, à une époque comparativement ancienne, ces vérités, relativement simples, se séparèrent de leurs applications, et furent réunies par les géomètres grecs en un corps de doctrine théorique (1). Une épuration du même genre se produit maintenant dans une autre division de la science. Dans la *Géométrie descriptive* de Monge, les théorèmes étaient mêlés à leurs applications, à la projection et au tracé des plans. Mais, depuis son époque, la science et l'art se sont séparés peu à peu; et la géométrie descriptive, ou, pour lui donner un nom qui lui convient mieux, la géométrie de position, est aujourd'hui reconnue par les mathématiciens comme un système très étendu de vérités, dont quelques-unes ont été déjà réunies dans des livres ne renfermant rien qui soit relatif aux méthodes pratiques pouvant servir à l'usage de l'architecte et de l'ingénieur. Pour repousser d'avance un

(1) On peut dire que le mélange des problèmes et des théorèmes dans Euclide est en contradiction avec le fait que je cite; et il est vrai que dans ce mélange nous trouvons les traces de la première forme de la science, mais il est à remarquer que ces problèmes sont tous purement abstraits, et, de plus, que chacun d'eux peut être présenté comme théorème.

exemple que l'on pourrait citer contre nous, je ferai remarquer que, si, dans les ouvrages d'algèbre destinés aux commençants, les théories des relations quantitatives, traitées algébriquement, sont accompagnées de groupes de problèmes à résoudre, la matière de ces problèmes n'est point pour cela considérée comme faisant partie de la science de l'algèbre. Dire qu'elle en fait partie serait dire que l'algèbre embrasse, comme parties intégrantes, les conceptions des distances, des rapports de la vitesse et du temps, ou des poids et des volumes et des pesanteurs spécifiques, ou des surfaces labourées et des jours et des salaires, puisque toutes ces choses, ainsi que beaucoup d'autres, peuvent être prises pour termes de ses équations. De même que ces problèmes concrets, résolus par les procédés algébriques, ne peuvent être considérés comme faisant partie de la science abstraite de l'algèbre, de même, selon moi, les problèmes concrets de l'astronomie ne peuvent être en aucune manière incorporés à cette division de la science concrète-abstraite qui développe la théorie de l'action et de la réaction des corps libres s'attirant les uns les autres.

Sur ce point, je me trouve en désaccord non seulement avec M. Bain, mais aussi avec M. Mill, qui soutient les propositions suivantes :

« Il y a une science abstraite de l'astronomie, savoir : la théorie de la gravitation, qui pourrait s'appliquer également bien à l'explication des faits d'un système solaire tout à fait différent de celui dont notre terre fait partie. Les faits actuels de notre propre système, les dimensions, les distances, les vitesses, les températures, la constitution physique, etc., du soleil, de la terre et des planètes, sont proprement l'objet d'une science concrète, semblable à l'histoire naturelle ; mais la science concrète est plus inséparablement unie à la science abstraite que dans tout autre cas, puisque le petit nombre de faits célestes, réellement accessibles à nos observations, sont presque tous nécessaires pour découvrir et pour démontrer la loi de gravitation comme une propriété universelle des corps, et, par conséquent, trouvent nécessairement place dans la science abstraite comme devant lui servir de principes fondamentaux. » — *Auguste Comte et le positivisme*, p. 43.

Dans ce passage, M. Mill reconnait la distinction fondamentale entre la partie concrète de l'astronomie qui s'occupe des corps actuellement répandus dans l'espace, et une autre partie qui s'occupe de corps hypothétiques, hypothétiquement répandus dans l'espace. Cependant, il regarde ces deux parties comme inséparables, parce que la seconde tire de la première les données d'où l'on tire la loi de l'action et de la réaction des corps les uns sur les autres. Mais la vérité de cette prémisse et la légitimité de cette conclusion peuvent être également mises en doute. La découverte de la loi d'action et de réaction n'est pas due primitivement à l'observation des corps célestes, elle n'en dérive que secondairement. La conception d'une force, dont l'action varie en raison inverse du carré des distances, est une conception *a priori* qui se déduit rationnellement des principes mécaniques et géométriques. Bien que différente, quant à son origine, des nombreuses hypothèses empiriques de Képler touchant les orbites et les mouvements planétaires, elle fut, dans ses rapports avec les phénomènes astronomiques, semblable à celles qui, parmi ces hypothèses, furent confirmées par l'expérience : ce fut une de ces nombreuses hypothèses possibles, dont les conséquences ont pu être observées et vérifiées; ce fut une hypothèse qui, confrontée dans ses conséquences avec les résultats de l'observation, se trouva fournir une explication de ces derniers. En résumé, la théorie de la gravitation eut son origine dans l'expérience des phénomènes terrestres, mais elle trouva sa vérification dans l'expérience des phénomènes célestes. Passant maintenant de la prémisse à la conséquence, je ne vois pas comment, même en prenant pour vraie leur prétendue parenté, ces sciences seraient nécessairement inséparables, comme on le suppose; pas plus que je vois comment la géométrie doit rester inséparablement unie à l'arpentage, parce que celui-ci lui a donné naissance. En algèbre, comme nous l'avons montré plus haut, les lois des relations quantitatives s'étendent à une multitude de phénomènes extrêmement hétérogènes ; et ce fait établit clairement la distinction entre la théorie et ses applications. Ici, les lois des relations quantitatives entre les masses, les distances, les vitesses et les moments, s'appliquant en grande partie (quoique non exclusivement) aux phénomènes concrets de l'astronomie, la distinction entre la théorie et ses applications est moins évidente ; mais, au fond, elle est aussi grande dans un cas que dans l'autre.

Pour mieux voir combien cette distinction est grande, employons une comparaison. Voici un homme vivant : tout ce que nous connaissons de lui se réduit à peu près à ce que nous révèlent nos sens de la vue et du toucher, ou forme un ensemble assez considérable pour une biographie volumineuse. D'un autre côté, voici un personnage imaginaire qui, semblable aux héros des anciens romans, peut être la personnification d'une vertu ou d'un vice, ou qui, semblable à un héros moderne, présente dans son caractère mixte, dans les divers mobiles qui le font agir et dans toute sa conduite, une apparence de réalité. Mais, si exacte et si complète que soit la peinture de cet être fictif, elle ne peut le transformer en un être réel et vivant. De même l'ignorance où nous pouvons être de ce qui concerne un homme réellement existant ne peut le transformer en un personnage imaginaire. Entre la fiction et la biographie, nous trouverons toujours un abîme infranchissable. Il en est ainsi des sciences dont il s'agit; celle qui s'occupe des mouvements que reçoivent et communiquent des corps imaginaires, et celle qui s'occupe de l'action et de la réaction réciproques de corps réellement existants dans l'espace resteront éternellement séparées l'une de l'autre. Nous pouvons porter la première au plus haut degré de perfection possible par l'introduction de trois, de quatre, ou d'un plus grand nombre de facteurs, nous pouvons supposer toutes les conditions nécessaires pour former une sorte de système solaire : la description de ce système solaire idéal sera toujours aussi différente de la description du système solaire actuel que la fiction l'est de la biographie.

Le caractère radical de cette distinction devient en quelque sorte plus évident encore si l'on observe que de la plus simple proposition de la mécanique générale, nous pouvons, sans avoir d'intervalle à franchir, passer à la proposition la plus complexe de la mécanique céleste. Nous prenons un corps se mouvant avec une vitesse uniforme, et nous commençons par la proposition qu'il continuera de se mouvoir pour toujours de la même manière. Ensuite, nous posons la loi de son mouvement accéléré sur la même ligne, lorsqu'il est soumis à l'action d'une force constante. Plus tard, nous compliquons la proposition en supposant que la force s'accroît sous l'influence d'un corps attirant qui se rapproche; et nous pouvons formuler une série de lois d'accélération, résultant d'autant de lois supposées d'attraction croissante (lois dont celle de la gravitation fait partie). Ajoutant alors un autre facteur, en supposant que le corps se meut dans une direction différente de celle suivant laquelle agit le corps attirant, nous pouvons déterminer, d'après les degrés de puissance des forces supposées, si sa course sera hyperbolique, parabolique, elliptique ou circulaire, — nous pouvons, en commençant, considérer comme infinitésimale cette force hypothétique additionnelle, et formuler les résultats différents à mesure qu'elle s'accroît peu à peu. Le problème prend un nouveau degré de complication, si l'on fait intervenir une troisième force, agissant dans quelque autre direction ; et, en considérant d'abord cette force comme infinitésimale, nous pouvons l'élever successivement à un degré quelconque de puissance. Pareillement, en introduisant facteur après facteur, et en ne donnant d'abord à chacun d'eux qu'une puissance insensible par rapport au reste, nous arrivons, par une infinité de degrés, à une combinaison d'une complexité aussi grande que nous voulons.

Ainsi donc la science qui s'occupe de l'action et de la réaction réciproques de corps imaginaires placés dans l'espace est la suite nécessaire, le *développement continu* de la mécanique générale. Nous avons déjà vu qu'elle ne peut former qu'un tout *absolument discontinu* avec cette science qui s'occupe des corps célestes et qui, dès le principe, a reçu le nom d'astronomie. Ces faits étant reconnus, il me semble qu'il ne peut rester aucun doute touchant sa véritable place dans une classification des sciences.

Laissant de côté les objections de moindre importance, soit parce qu'elles ont été indirectement réfutées, soit parce qu'elles exigeraient ici trop de place, qu'il nous soit permis d'exposer rapidement les arguments généraux qui établissent notre thèse. Nous avons ici deux procédés à notre disposition : l'un des deux ne convient qu'à ceux qui admettent la doctrine générale de l'*évolution ;* c'est celui que nous allons employer d'abord.

Nous prenons pour point de départ la concentration de la matière nébuleuse. Suivant les redistributions de cette matière jusqu'au moment où, en se condensant, elle forme des sphéroïdes, tournant sur eux-mêmes, et laissant derrière eux des anneaux concentriques qui se brisent chacun de leur côté et parviennent quelquefois à former des sphéroïdes secondaires doués du même mouvement, nous arrivons enfin aux planètes, telles qu'elles existent à leur origine. Jusqu'ici, nous considérons les phénomènes qui se sont produits comme purement astronomiques; et tant que notre terre, considérée comme un de ces sphéroïdes, ne fut formée que de matières gazeuses et fondues, elle n'offrit aucune donnée distincte pour une science concrète plus complexe; dans le laps du temps cosmique, il se forme une croûte solide qui, des milliers d'années s'écoulant, s'épaissit, et, après d'autres milliers d'années, se refroidit assez pour permettre la précipitation d'abord des différents composés gazeux et, finalement, de l'eau. Alors les expositions changeantes des différentes parties du sphéroïde aux rayons du soleil commencent à produire des effets appréciables, jusqu'au moment où se sont enfin produits les phénomènes météorologiques et, plus tard, les phénomènes géologiques tels que ceux que nous connaissons maintenant; phénomènes déterminés peut-être en partie par la chaleur du soleil, en partie par la chaleur interne de la terre, et en partie par l'action de la lune sur l'océan! Comment sommes-nous arrivés à ces phénomènes géologiques? à quelle époque les révolutions astronomiques ont-elles fini et les révolutions géologiques commencé? Pour voir qu'il n'y a pas de division réelle entre elles, il suffit de poser cette question. Mettant de côté toute idée préconçue, nous ne trouvons rien de plus qu'un groupe de phénomènes devenant de plus en plus compliqués sous l'influence des mêmes facteurs primitifs; et nous voyons que nos divisions arbitraires ne reposent que sur des raisons de convenance. Franchissons un degré. A mesure que la surface de la terre continue de se refroidir, passant insensiblement par tous les degrés de température, la formation de composés inorganiques de plus en plus complexes devient possible; plus tard, sa surface descend à ce degré de température qui permet d'exister aux composés les moins complexes des espèces appelées organiques : et, finalement, la formation des composés organiques les plus complexes devient possible. Les chimistes nous montrent aujourd'hui que ces composés peuvent être, au moyen de la synthèse, formés dans leurs laboratoires, — chaque degré de complexité ascendante rendant possible le degré plus élevé suivant. De là on peut inférer que, dans les myriades de laboratoires, se diversifiant sans fin et dans leurs matériaux et dans leurs conditions, que renferma la surface de la terre pendant ces milliers d'années qu'il lui a fallu pour passer successivement par tous ces degrés de température, des synthèses successives du même genre ont eu lieu ; et que la substance instable, si complexe, de laquelle sont sortis tous les organismes, fut formée à son tour par portions microscopiques ; et que c'est d'elle que s'est produite, par des intégrations et des différenciations continuelles, l'évolution de tous les organismes. Où donc tracerons-nous la ligne de démarcation entre la géologie et la biologie ? La synthèse du composé le plus complexe n'est qu'une continuation des synthèses par lesquelles tous les composés plus simples ont été formés. Les mêmes facteurs primitifs ont coopéré avec ces facteurs secondaires, météorologiques et géologiques, auxquels ils avaient eux-mêmes donné naissance. Nulle part nous ne trouvons de vide dans la série qui va toujours se compliquant, car il y a une connexion manifeste entre ces mouvements que divers composés complexes subissent durant leurs transformations isomériques, et ces changements de forme subis par la matière plastique primitive que nous appelons vivante. Les phénomènes biologiques, malgré les différences qui les distinguent dans la suite, sont à leur origine inséparables des phénomènes géologiques, — inséparables de la série de transformations continuelles produites par l'action des forces physiques dans les matières qui forment la surface de la terre. Il est inutile de parcourir d'autres degrés. Que du groupe des phénomènes biologiques naisse et se développe graduellement le groupe des phénomènes plus particuliers que nous appelons psychologiques, cela n'exige aucune démonstration. Et lorsque nous arrivons aux phénomènes psychologiques de l'ordre le plus élevé, il est clair qu'en suivant le développement graduel de l'humanité depuis les plus simples familles errantes jusqu'aux tribus et aux nations plus ou moins grandes et plus ou moins civilisées, nous passons insensiblement des phénomènes de l'activité humaine individuelle aux phénomènes de l'activité humaine collective. En résumé, n'est-il donc pas évident que dans cette classe de sciences formée par l'astronomie, la géologie, la biologie, la psychologie et la sociologie, nous avons un groupe naturel dont les parties ne peuvent être désunies ni placées dans un ordre inverse? Ici, il y a à la fois, pour les phénomènes, dépendance au point de vue de leur origine et de leur génération, et dépendance au point de vue de la manière dont ils peuvent être expliqués. Dans le temps cosmique, les phénomènes se sont produits dans cet ordre de succession; et l'explication scientifique et complète de chaque groupe dépend de l'explication scientifique des groupes précédents. Aucune autre science ne peut être intercalée entre les membres de ce groupe sans détruire leur continuité. Placer la physique entre l'astronomie et la géologie, ce serait ouvrir une lacune dans l'histoire d'une série continue de transformations; et il en serait de même si l'on plaçait la chimie entre la géologie et la biologie. Il est vrai que la physique et la chimie sont nécessaires pour expliquer ces séries successives de faits; mais il ne s'ensuit pas qu'elles doivent être elles-mêmes placées parmi ces séries.

La science concrète, composée de ces cinq sciences concrètes particulières, formant ainsi un tout d'une parfaite cohérence et se distinguant de toute autre science, on peut poser la question de savoir si toute autre science forme également un tout dont les parties soient unies d'une manière indissoluble, ou si elle admet quelque division secondaire formant un tout également distinct : — on peut répondre que ce dernier cas est le vrai. Un théorème de statique ou de dynamique, si simple qu'il soit, a toujours pour matière sur laquelle il porte quelque chose qui est conçu comme étendu et comme déployant une force ou des forces, — comme étant un siège de résistance ou de tension, ou des deux à la fois, et comme capable de posséder plus ou moins de force vitale. Si nous examinons la plus simple proposition de statique, nous voyons que la conception de la force est toujours jointe à la conception de l'espace, avant que la proposition puisse se former dans la pensée; et si nous examinons également la plus simple proposition en dynamique, nous voyons que la force, l'espace et le temps sont ses éléments essentiels. La quantité dans les termes est indifférente ; et ceux-ci, poussés par la réduction, s'appliquent aux simples molécules : la mécanique molaire et la mécanique moléculaire se tiennent et se contiennent. Des questions concernant les mouvements relatifs de deux molécules ou d'un plus grand nombre, la mécanique moléculaire passe aux différents modes d'agrégation entre plusieurs molécules, aux changements dans la quantité et l'espèce des mouvements possédés par elles comme membres d'un agrégat, et aux changements de mouvements transmis par l'intermédiaire des agrégats formés par elles (comme ceux que présente la lumière en mouvement).

Étendant chaque jour son domaine, elle va jusqu'à l'étude des parties constituantes de chaque molécule composée d'après les mêmes principes. Et ces combinaisons et ces décompositions de molécules plus ou moins composées qui constituent les phénomènes de la chimie, sont aussi considérées comme des faits du même ordre, car les affinités des molécules l'une pour l'autre, et leurs réactions par rapport à la lumière, la chaleur, et les autres manifestations de la force, sont regardées comme le résultat des divers mouvements déterminés mécaniquement dans leurs différentes parties composantes. Sans suivre jusqu'au bout cette marche progressive dans l'interprétation mécanique des phénomènes moléculaires, il suffit de remarquer que les éléments essentiels dans toute conception relative à la chimie, sont des unités occupant une place dans l'espace, et exerçant une action les unes sur les autres. C'est donc là le caractère commun de toutes ces sciences que nous groupons à présent sous les noms de mécanique, physique et chimie. Laissant de côté la question de savoir s'il est possible de concevoir la force séparée des substances étendues où elle se produit, nous pouvons affirmer, sans crainte de nous tromper, que, si l'on supprime la conception de la force, on supprime en même temps la science mécanique, physique et chimique. Unies étroitement, comme elles le sont par ce lien, ces sciences perdraient leur liaison et leur continuité, si l'on intercalait entre elles une autre science quelconque. Nous ne pouvons placer la logique entre la mécanique molaire et la mécanique moléculaire. Nous ne pouvons placer les mathématiques entre le groupe des propositions qui concernent l'action des molécules homogènes les unes par rapport aux autres, et le groupe des propositions qui concernent l'action des molécules hétérogènes les unes par rapport aux autres (propositions dont l'ensemble prend le nom de chimie). Evidemment ces deux sciences restent en dehors du tout étroitement uni dont nous venons de parler, — séparées qu'elles sont de lui par une distance infranchissable.

Par quoi sont-elles radicalement séparées? par l'absence de la conception de force. Bien qu'il soit très vrai que la logique et les mathématiques se servent de termes qui doivent être nécessairement capables d'affecter le sens intime et par conséquent d'exercer une action, cependant il est vrai aussi que ces sciences ont pour caractère distinctif non-seulement de ne faire dans leurs propositions aucune allusion à cette force, mais même de prétendre l'ignorer absolument. Au lieu d'être, comme dans toutes les autres sciences, un élément non seulement reconnu, mais essentiel, la force, en mathématique et en logique, est un élément qui non seulement n'est pas essentiel, mais qui, à dessein, n'est pas même reconnu. Les termes par lesquels la logique exprime ses propositions sont des signes qui n'ont pas la prétention de représenter des choses, des propriétés ou des facultés d'une espèce plutôt que d'une autre, et qui pourraient aussi bien servir pour exprimer des attributs appartenant aux membres de quelque série connexe de courbes idéales qui n'ont jamais été tracées que pour représenter autant d'objets réels. Quant à la géométrie, loin d'employer des lignes et des surfaces réelles comme éléments des vérités qu'elle démontre, elle considère au contraire ces vérités comme ne devenant absolues que lorsque ces lignes et ces surfaces deviennent idéales, — que lorsque la conception de toute substance douée de force est exclue.

Qu'on me permette maintenant de présenter d'autres arguments, qui ne supposent pas l'adhésion à la doctrine de l'*évolution*, mais qui établissent ces distinctions fondamentales avec une clarté au moins égale.

Les sciences concrètes, prises toutes ensemble ou une à une, ont pour objets des *agrégats*, — soit un agrégat entier d'existences sensibles, soit quelque agrégat secondaire séparable de cet agrégat entier, soit quelque agrégat tertiaire séparable de ce dernier, et ainsi de suite. L'astronomie sidérale s'occupe de la totalité des masses visibles distribuées dans l'espace ; et elle les considère comme des individus dont on peut reconnaître l'identité, comme occupant une place déterminée et soutenant [illegible]s, relativement les uns aux autres, relativement aux groupes partiels, et relativement au groupe entier, des rapports constants.

L'astronomie planétaire, séparant de cet agrégat qui embrasse toute cette partie relativement petite qui constitue le système solaire, s'occupe de cette partie comme d'un tout, — observe, mesure, calcule les grandeurs, les formes, les distances, les mouvements de ses membres primaires, secondaires et tertiaires ; et prenant pour ses recherches les plus larges les actions et les réactions réciproques de tous ces membres considérés comme parties d'un assemblage coordonné, elle prend pour ses recherches les plus étroites les actions de chaque membre considéré comme un individu, possédant un certain nombre de propriétés actives intrinsèques qui sont modifiées par un certain nombre de propriétés actives extrinsèques. Parmi ces agrégats, la géologie (mot employé ici dans toute sa compréhension) en choisit un qui exige une étude attentive, et, s'y bornant, elle rend compte des actions et de la structure terrestres, passées et présentes; et prend pour problèmes les plus spéciaux les formations locales avec leurs causes; pour problèmes les plus généraux les transformations sériaires subies par la terre entière. Tandis que le géologue s'occupe de cet agrégat petit par rapport à l'univers, mais grand par lui-même, le biologiste s'occupe de petits agrégats formés des parties de la substance superficielle de la terre, et considère chacun d'eux comme un tout coordonné dans sa structure et dans ses fonctions; ou, lorsqu'il s'occupe d'un organe particulier, il le considère comme un tout formé de parties subordonnées elles-mêmes ou tenant au système de coordination de l'organisme tout entier. Il laisse au psychologue ces agrégats spéciaux de fonctions qui savent accommoder la réaction des organismes aux influences multiples des agents qui les entourent; et il les lui laisse, non pas simplement parce qu'ils sont d'un ordre de spécialité plus élevé, mais parce qu'ils sont la contre-partie de ces agrégats ou états de conscience qui sont l'objet de la psychologie subjective, science qui se sépare entièrement de toutes les autres sciences. Finalement, le sociologiste considère chaque tribu et chaque nation comme un agrégat présentant une multitude de phénomènes simultanés et successifs qui se lient et se tiennent comme les parties d'une seule combinaison. Ainsi, dans tous les cas, une science concrète s'occupe d'un agrégat concret (ou de plusieurs agrégats concrets); et elle embrasse comme matière propre tout ce qui peut être connu de cet agrégat relativement à sa grandeur, sa forme, ses mouvements, sa densité, sa texture, l'arrangement général de ses parties, sa structure microscopique, sa composition chimique, sa température, etc., et relativement aussi aux nombreux changements matériels et dynamiques qu'il subit depuis le moment où il commence d'exister comme agrégat jusqu'au moment où il cesse d'exister comme tel.

Aucune science concrète-abstraite ne se comporte de cette façon. Prises toutes ensemble, les sciences concrètes-abstraites décrivent les différentes espèces de *propriétés* que possèdent les agrégats ; et chaque science concrète-abstraite s'attache à une certaine classe de ces propriétés. Celle-ci étudie et formule les propriétés communes à tous les agrégats ; celle-là, les propriétés des agrégats ayant des formes spéciales, des états d'agrégation spéciaux, etc. ; d'autres prennent dans les agrégats certaines parties constituantes, les tiennent séparées des autres, et en étudient les propriétés. Mais que les agrégats puissent être considérés comme des objets individuels, c'est ce qu'ignorent implicitement toutes ces sciences. Une propriété isolée, ou un ensemble de propriétés réunies, voilà ce dont elles s'occupent exclusivement. Il n'importe en rien à la mécanique que la masse en mouvement qu'elle considère soit une planète ou une molécule, un morceau de bois mort jeté dans la rivière ou le chien vivant qui saute après lui; dans l'un et l'autre cas, la courbe décrite par le corps en mouvement se conforme aux mêmes lois. Il en est de même pour le physicien, lorsqu'il prend pour sujet d'étude le rapport entre le volume changeant d'un corps et sa quantité variable de mouvement moléculaire: considérant son sujet en général, il ne tient aucun compte de l'espèce de matière; et l'étudiant en particulier par rapport à telle ou telle espèce de matière, il laisse à l'écart tout ce qui concerne la grandeur ou la forme; excepté dans les cas plus particuliers encore où il recherche les effets qui peuvent être produits sur la forme, et encore dans ces cas mêmes laisse-t-il de côté la grandeur du corps. Il en est de même du chimiste. Quelle que soit la substance qu'il examine, non seulement il ignore quelle elle est, en étendue ou en quantité, mais il n'exige pas même qu'elle soit perceptible. La partie de carbone sur laquelle il fait ses expériences peut avoir été visible ou invisible sous ses formes de diamant, de graphite ou de charbon, — cela lui est indifférent. Il le suit sous ses déguisements divers et dans ses combinaisons variées; — il le trouve tantôt uni avec l'oxygène pour former un gaz invisible; — tantôt caché avec d'autres éléments dans des composés plus complexes, comme l'éther, le sucre et l'huile. A l'aide de l'acide sulfurique ou d'un autre réactif, il le précipite sous la forme d'un résidu cohérent ou d'une poudre impalpable; et d'autres fois, par l'application de la chaleur, il le force à se révéler comme un élément du tissu animal. Évidemment, en constatant ainsi les affinités et l'équivalence atomique du carbone, le chimiste n'a rien à faire avec un agrégat quel qu'il soit; il s'occupe du carbone comme d'une chose qui n'existe dans aucun état particulier de combinaison, comme d'une chose dépouillée de quantité, de forme et d'apparence, en un mot comme d'une chose abstraite et idéale; et il le conçoit comme doué de certaines puissances ou propriétés, d'où résultent les phénomènes particuliers qu'il décrit : constater ces puissances ou ces propriétés, voilà son unique but.

Enfin les sciences abstraites, de leur côté, ignorent également la réalité des agrégats et des puissances que les agrégats ou leurs parties composantes peuvent posséder ; elles ne s'occupent que des *relations* : — relations entre les agrégats, ou entre les parties des agrégats, relations entre les agrégats et leurs propriétés, relations entre les propriétés, ou relations entre les relations. La même formule logique est également applicable, que les termes soient des hommes et leur non-existence, des cristaux et leurs plans de clivage, ou des lettres et leurs sons. Quant aux mathématiques, elles s'occupent exclusivement de rapports, c'est ce que l'on peut voir en constatant qu'elles emploient précisément la même expression pour caractériser un triangle infiniment petit, que pour caractériser le triangle qui a Sirius pour sommet et le diamètre de l'orbite de la terre pour base.

Je ne puis comprendre comment on peut mettre en doute la légitimité des définitions de ces groupes de sciences. Il est impossible de nier que chaque science concrète a pour objet un agrégat ou des agrégats inorganiques, organiques, ou super-organiques (une société); et que, ne tenant aucun compte des propriétés de tel ou tel ordre, elle ne s'occupe que de la coordination des propriétés réunies de tous les ordres. Il ne me paraît pas moins certain qu'une science concrète-abstraite s'attache à quelque ordre de propriétés, négligeant les autres caractères de l'agrégat qui les possède, et ne reconnaissant même d'agrégats qu'en tant que leur conception est impliquée dans l'examen des propriétés de l'ordre particulier que l'on étudie. Et je pense qu'il est également clair qu'une science abstraite, dégageant ses propositions de toute allusion aux agrégats et aux propriétés, autant que le permet la nature de la pensée, ne s'occupe que des relations de coexistence et de succession conçues en dehors de tout mode particulier d'existence et d'action. Si donc ces trois groupes de sciences ne sont, respectivement, que des théories des *agrégats*, des théories des *propriétés*, des théories des *relations*, il est manifeste que les divisions entre elles sont non seulement parfaitement claires, mais que les intervalles qui les séparent ne peuvent être comblés.

Ici peut-être on verra plus clairement qu'auparavant combien est insoutenable la classification de Comte. Déjà (page 13), après avoir exposé d'une manière générale ces distinctions fondamentales, j'ai signalé les inconséquences dans lesquelles on tombe lorsque les sciences, conçues comme abstraites, concrètes-abstraites, et concrètes, sont classées dans l'ordre proposé par cet auteur. Ces inconséquences deviennent plus frappantes encore, si à ces noms généraux des groupes on substitue les définitions données plus haut. On aurait alors la liste suivante :

Mathématiques	théorie des relations.
(Renfermant les mathématiques.)	théorie des propriétés.
Astronomie.	théorie des agrégats.
Physique	théorie des propriétés.
Chimie	théorie des propriétés.
Biologie.	théorie des agrégats.
Sociologie	théorie des agrégats.

Que ceux qui ont adopté une doctrine particulière voient clairement les défauts d'une doctrine opposée, aveugles sur les défauts de celle qu'ils professent, c'est une remarque triviale, mais qui est vraie pour les discussions philosophiques comme pour tout le reste : la parabole de la paille et de la poutre s'applique aussi bien aux jugements des hommes sur leurs opinions respectives qu'à leurs jugements les uns sur les autres, relativement au caractère. Peut-être que, pour mes amis de l'école positiviste, je confirme cette vérité par mon exemple, — de même qu'ils la confirment pour moi par le leur. C'est à ceux qui sont étrangers à l'un et l'autre système qu'il appartient de dire où se trouve la paille et où se trouve la poutre. En attendant, il est clair que l'une ou l'autre doctrine est essentiellement erronée, et qu'aucune modification ne peut les mettre en harmonie. Ou les sciences ne peuvent être classées comme elles l'ont été par moi, ou elles ne peuvent être disposées dans l'ordre sériaire proposé par Comte

III

POURQUOI JE ME SÉPARE D'AUGUSTE COMTE.

Pendant que les pages précédentes s'imprimaient, il parut dans la *Revue des Deux Mondes* du 15 février un article sur un de mes derniers ouvrages, *les Premiers Principes*. Je dois remercier M. Auguste Laugel, l'auteur de cet article, du soin avec lequel il a exposé quelques-unes des vues principales de cet ouvrage, et de l'esprit libéral et sympathique avec lequel il les a appréciées. Sous un rapport, cependant, M. Laugel transmet à ses lecteurs un jugement erroné ; — jugement qui, sans doute, se déduit pour lui de ce qu'il croit être l'évidence même, et qu'il a incontestablement exprimé avec la plus complète bonne foi. M. Laugel me présente comme disciple de Comte sur certains points. Après avoir décrit l'influence de Comte, dont il retrouve les traces dans les ouvrages de quelques autres écrivains anglais, particulièrement de M. Mill et de M. Buckle, il prétend que cette influence, bien que non avouée, se reconnaît facilement dans l'ouvrage qu'il entreprend de faire connaître ; et, dans plusieurs endroits de son article, il fait des remarques qui tendent à prouver ce qu'il allègue. C'est avec grand regret que je me vois obligé de contredire un critique d'une si grande bonne foi et d'une si grande habileté. Mais, comme la *Revue des Deux Mondes* est très répandue en Angleterre aussi bien qu'ailleurs, et comme il existe dans certains esprits, tant ici qu'en Amérique, un préjugé analogue à celui qu'entretient M. Laugel, — préjugé qui ne peut que se fortifier par son témoignage, — il me paraît nécessaire de le combattre.

Deux causes de nature tout à fait différente ont contribué à répandre la croyance erronée que Comte est reconnu comme le créateur de la science proprement dite. Ses ennemis les plus ardents et ses amis les plus dévoués ont, sans le savoir, concouru à la propager. D'un côté, Comte ayant désigné sous le nom de *philosophie positive* toutes les connaissances définitivement établies que les savants ont, par degrés, réduites en système ou en un seul corps de doctrine, et l'ayant d'ordinaire opposé à l'assemblage incohérent des opinions soutenues par les théologiens, c'est devenu une habitude dans le parti théologique de désigner le parti opposé, celui des hommes de science, sous le nom de *Positivistes*. Et l'habitude de les appeler ainsi a fait naître l'opinion qu'ils s'appellent eux-mêmes *Positivistes* et qu'ils sont les disciples de Comte. D'un autre côté, ceux qui ont adopté le système de Comte, et qui le regardent comme la philosophie de l'avenir, ont été naturellement portés à voir partout les signes de son progrès, et, partout où ils ont trouvé des opinions en harmonie avec lui, il les ont attribuées à l'influence de son auteur. C'est toujours la tendance des disciples d'exagérer les effets de l'enseignement du maître, et de considérer ce maître comme l'inventeur de toutes les doctrines qu'il enseigne. Dans l'esprit des disciples, le nom de

Comte s'associe à celui de la méthode scientifique, parce que la plupart ne l'ont comprise que par l'exposition qu'il en a donnée. Sous l'influence inévitable de cette association d'idées, ils pensent à Comte chaque fois qu'ils rencontrent des habitudes de penser qui ont quelque analogie avec la méthode scientifique décrite par cet auteur; et, par là, ils sont portés à s'imaginer qu'il a fait naître dans l'esprit des autres les conceptions qu'il a fait naître dans les leurs. De pareilles impressions, cependant, sont, dans la plupart des cas, sans fondement. Que Comte ait donné une exposition générale de la doctrine et de la méthode scientifique, cela est vrai ; mais il n'est pas vrai que ceux qui admettent cette doctrine et qui suivent cette méthode soient les disciples de Comte. Ni leurs procédés d'investigation, ni leurs vues concernant la connaissance humaine dans sa nature et dans ses limites, ne diffèrent d'une manière sensible de ce que ces procédés et ces vues étaient avant Comte S'ils sont *positivistes*, ils le sont comme l'ont toujours été, d'une manière plus ou moins conséquente, tous les hommes de science; et, en les désignant par ce nom, ils n'en sont pas plus les disciples de Comte, que ne le seraient les savants qui ont vécu et qui sont morts avant cet auteur, si on leur donnait le même titre. Comte lui-même ne réclame nullement ce que quelques-uns de ses adhérents sont portés à réclamer pour lui implicitement: « Il y a sans doute, dit-il, beaucoup d'analogie entre ma *philosophie positive* et ce que les savants anglais entendent, depuis Newton surtout, par *philosophie naturelle* (voyez *Avertissement*). » Et, plus loin, il indique le « grand mouvement imprimé à l'esprit humain, il y a deux siècles, par l'action combinée des préceptes de Bacon, des conceptions de Descartes et des découvertes de Galilée, comme le moment où l'esprit de la philosophie positive a commencé à se prononcer dans le monde ». Par conséquent, les procédés généraux d'investigation et la manière d'interpréter les phénomènes, que Comte appelle *philosophie positive*, sont regardés par lui-même comme le résultat du travail de deux siècles; il reconnait qu'à l'époque où il écrivait ils avaient déjà acquis un développement marqué, et il . regarde comme l'héritage de tous les hommes de science.

Ce que se proposait Comte, c'était de donner à la pensée et à la méthode philosophique une forme et une organisation plus parfaite, et de les appliquer à l'interprétation de ces classes de phénomènes qui n'avaient pas encore été étudiées d'une manière philosophique. C'était une conception pleine de grandeur, et tenter de la réaliser était une entreprise digne de sympathie et d'admiration. Cette conception avait été également celle de Bacon; lui aussi aspirait à une organisation des sciences; lui aussi était persuadé que « la physique est la mère de toutes les sciences »; lui aussi était persuadé que les sciences ne peuvent avancer qu'à la condition d'être unies et combinées, et il avait vu en quoi consistent cette union et cette combinaison nécessaires; lui aussi avait compris que la philosophie morale et civile ne pourrait croître et fleurir qu'en tant qu'elle aurait ses racines dans la philosophie naturelle; et, par là, il avait aussi entrevu l'idée d'une science sociale naissant de la science physique. Mais l'état des connaissances à son époque l'empêcha d'aller au delà de cette conception générale; et, en vérité, c'est une chose merveilleuse qu'il soit allé jusque-là. Au lieu d'une conception obscure et vague, Comte a présenté au monde une conception claire et nettement définie. En réalisant cette conception, il a montré une largeur de vue remarquable, une grande originalité, un génie d'invention immense, et une puissance de généralisation extraordinaire. Considéré en lui-même, son système de philosophie positive, vrai ou faux, est un monument aux proportions gigantesques. Mais, après avoir accordé à Comte la haute admiration qu'il mérite pour sa conception, pour ses efforts à la réaliser, et pour le talent qu'il a déployé dans cette tentative, il reste une question à poser: A-t-il réussi? Un penseur qui réorganise la méthode scientifique et les connaissances de son siècle, et qui fait accepter à ses successeurs la réorganisation qu'il a tentée, peut être, à juste titre, regardé comme chef d'école, et ceux-ci peuvent être regardés comme ses disciples. Mais, parmi les successeurs, ceux qui acceptent cette méthode et ces connaissances du siècle, mais qui n'en acceptent pas la réorganisation, ne sont certainement pas ses disciples. Or, qu'est-il arrivé par rapport à Comte? Il en est, mais en petit nombre, qui ont adopté ses doctrines presque sans réserve; et ceux-là peuvent être vraiment appelés ses disciples. Il en est d'autres qui acceptent comme vrais un certain nombre de ces principes, mais qui rejettent le reste; ceux-là, s'ils sont ses disciples, ne le sont qu'en partie. Enfin, il en est qui rejettent sa doctrine dans tout ce qu'elle a de particulier; et ces derniers doivent être considérés comme ses antagonistes. Tous les membres de cette classe sont précisément ce qu'ils auraient été, s'il n'avait pas écrit. Rejetant sa réorganisation des sciences, ils ont pris ces sciences telles qu'elles existaient avant lui, comme un héritage commun légué par le passé au présent. Et leur adhésion à cette doctrine scientifique ne les met nullement au nombre des disciples de Comte. C'est à cette classe qu'appartient la grande majorité des hommes de science. Et c'est à cette classe que j'appartiens moi-même.

Pour en venir maintenant à ce qui me touche personnellement dans la question, qu'il me soit permis de signaler d'abord ces grands principes généraux sur lesquels Comte est d'accord avec les penseurs qui l'ont précédé et sur lesquels je suis d'accord moi-même avec lui.

Toute connaissance vient de l'expérience : voilà ce que soutient Comte, et c'est aussi ce que je soutiens; mais je le soutiens dans un sens plus large que lui, car non-seulement je pense que toutes les idées acquises par les individus, et par conséquent toutes les idées transmises par les générations passées, dérivent de cette source, mais je pense aussi que les facultés elles-mêmes qui servent à l'acquisition de ces idées sont le produit des expériences accumulées et organisées, transmises par les races antérieures (voyez *Principes de Psychologie*). Mais la doctrine que toute connaissance vient de l'expérience n'a pas été mise au jour par Comte ; aussi ne la réclame-t-il pas comme sienne. Il dit lui-même que « tous les bons esprits répètent, depuis Bacon, qu'il n'y a de connaissances réelles que celles qui reposent sur des faits observés ». De plus, le caractère distinctif de l'école anglaise de psychologie est d'avoir étudié particulièrement cette doctrine et de l'avoir définitivement établie. Je ne sache pas que Comte, acceptant cette doctrine, ait fait quelque chose pour la rendre plus certaine ou pour lui donner plus de netteté. Dans le fait, cela lui était impossible, puisqu'il rejette cette partie de la science de l'esprit qui seule peut fournir les preuves de cette doctrine.

C'est, en outre, la croyance de Comte que toute connaissance est relative et n'atteint que les phénomènes, et sur ce point je suis entièrement d'accord avec lui ; mais personne n'oserait prétendre que la relativité de toute connaissance a été proclamée pour la première fois par Comte. Parmi ceux qui ont professé cette doctrine et qui lui sont restés plus ou moins fidèles, sir William Hamilton range Protagoras, Aristote, saint Augustin, Boëce, Averroës, Albert le Grand, Gerson, Léon l'Hébreu, Mélanchton, Scaliger, François Piccolomini, Giordano Bruno, Campanella, Bacon, Spinosa, Newton, Kant. Sir William Hamilton lui-même, dans sa *Philosophie de l'Inconditionnel*, publiée pour la première fois en 1829, a donné une démonstration scientifique de cette croyance. Recevant cette doctrine de ses prédécesseurs, en commun avec les autres penseurs, Comte n'a rien fait, à ma connaissance, pour son avancement. Et en réalité, il ne pouvait la faire avancer, puisque, comme nous l'avons déjà dit, il regarde comme impossible cette analyse de la pensée qui renferme les preuves de la relativité de toutes nos connaissances.

Comte ne veut pas que, dans l'explication des différentes classes de phénomènes, on ait recours à des entités métaphysiques que l'on considère comme leurs causes, et c'est aussi mon opinion que l'emploi de semblables entités distinctes, bien que fort commode, sinon nécessaire même pour les besoins de la pensée, est, au point de vue scientifique, tout à fait illégitime. Cette opinion n'est, en effet, qu'un corollaire de la précédente, et elle doit se maintenir ou tomber avec elle. Mais, comme la précédente, elle s'est maintenue pendant des siècles avec plus ou moins de consistance. Comte lui-même cite l'expression favorite de Newton : « O physique, garde-toi de la métaphysique ! » Cette doctrine, pas plus que la précédente, n'a été établie par Comte sur un fondement plus solide. Il n'a fait que la reproduire. Faire plus lui était même impossible ; car, sur ce point comme sur les autres, son scepticisme touchant la psychologie subjective lui interdisait de prouver que ces entités métaphysiques sont de simples conceptions symboliques qui ne sont pas susceptibles de vérification.

En dernier lieu, Comte croit à des lois naturelles invariables, à des rapports constants et uniformes entre les phénomènes. Mais beaucoup d'autres avant lui y ont cru aussi. Acceptée même de ceux qui n'ont pas la prétention d'être des savants, la proposition qu'il y a dans l'univers un ordre immuable a, dans le monde scientifique, conservé pendant des siècles l'autorité d'un principe ou d'un postulat, reconnue comme vraie par quelques-uns seulement en ce qui concerne les phénomènes du monde inorganique, mais reconnue par d'autres savants comme universelle. Recevant cette doctrine de ses devanciers, Comte l'a laissée ce qu'elle était en elle-même. Bien qu'il ait découvert de nouvelles lois, je ne pense pas que les savants admettent jamais qu'il les ait *démontrées* de manière à en rendre l'induction plus certaine; il ne les a pas non plus démontrées au moyen de la déduction, en prouvant, comme cela peut se faire facilement, que la constance et l'uniformité des rapports entre les phénomènes est un corollaire nécessaire de la persistance de la force.

Tels sont les principes qui servent de point de départ à Comte, — principes qu'on ne peut regarder comme appartenant en propre à sa philosophie. « Mais, dira-t-on, où est la nécessité de faire ces observations, puisque aucun lecteur instruit n'attribue à Comte la découverte de ces vérités ? » A cela je réponds que, bien qu'aucun disciple de Comte ne voulût, de propos délibéré, réclamer pour ce philosophe les vérités dont il s'agit, et qu'aucun adversaire appartenant au parti théologique, pour peu qu'il se soit familiarisé avec la science et la philosophie, ne regarde Comte comme le premier qui les ait exposées, cependant il existe une forte tendance à rapporter n'importe quelle doctrine à ceux qui l'ont exposée les derniers et avec un certain éclat, — tendance qui produit des impressions fausses même dans les esprits les plus éclairés. Nous avons sous la main la preuve de ce que j'avance. Dans le numéro de la *Revue des Deux Mondes* indiqué plus haut, on peut lire à la page 936 les mots suivants : « Toute religion, comme toute philosophie, a la prétention de donner une explication de l'univers ; la philosophie qui s'appelle *positive* se distingue de toutes les philosophies et de toutes les religions en ce qu'elle a renoncé à cette ambition de l'esprit humain » ; et le reste du paragraphe est consacré à l'explication de la doctrine de la relativité de nos connaissances. Le paragraphe qui vient après commence ainsi : « Tout imbu de ces idées, que nous exposons sans les discuter pour le moment, M. Spencer divise », etc. Maintenant je demande si ces expressions et ces idées ne tendent pas à produire ou à fortifier l'impression erronée que je voudrais dissiper. Je ne suppose pas un moment que M. Laugel ait eu l'intention de dire que ces idées qu'il présente comme appartenant à la philosophie positive sont particulièrement les idées de Comte. Mais, bien que telle n'ait pas été probablement son intention, ses expressions font supposer le contraire. Dans l'esprit des disciples et des adversaires, les mots *philosophie positive* signifient philosophie de Comte, et être imbu des idées de la *philosophie positive*, c'est avoir reçu ses idées de Comte. Après ce qui a été dit plus haut, je n'ai pas besoin de répéter que l'opinion que l'on a fait naître ainsi par inadvertance est une opinion fausse. Comte n'a fait qu'énoncer ces vérités générales, et les propositions par lesquelles il les énonce ne m'en ont pas donné une idée plus claire qu'auparavant. Si je suis redevable à quelqu'un en particulier de m'avoir rendu ces principes plus clairs, c'est à sir William Hamilton.

Des principes communs à Comte et à beaucoup de penseurs anciens et contemporains, passons maintenant aux principes distinctifs de son système. De même que je suis entièrement d'accord avec Comte sur ces doctrines fondamentales qui sont notre héritage commun, de même je suis entièrement en désaccord avec lui sur les principes qui fondent sa philosophie propre et qui en déterminent l'organisation. Pour prouver ce que j'avance, il suffira de comparer entre elles les propositions de Comte et celles que je leur oppose.

PROPOSITIONS DE COMTE.

« ... Chacune de nos conceptions principales, chaque branche de nos connaissances, passent successivement par trois états théoriques différents : l'état théologique ou fictif; l'état métaphysique ou abstrait; l'état scientifique ou positif. En d'autres termes, l'esprit humain, par sa nature, emploie successivement dans chacune de ses recherches trois méthodes de philosopher, dont le caractère est essentiellement différent et même radicalement opposé : d'abord la méthode théologique, ensuite la méthode métaphysique, et enfin la méthode positive. » (P. 3.)

PROPOSITIONS QUE JE LUI OPPOSE.

Le progrès de nos conceptions et de chaque branche de nos connaissances est, du commencement à la fin, intrinsèquement le même. Il n'est pas vrai qu'il y ait trois méthodes philosophiques radicalement opposées; il n'y a qu'une seule méthode qui reste toujours essentiellement identique avec elle-même. Depuis le commencement jusqu'à la fin, nos conceptions des causes des phénomènes ont un degré de généralité qui correspond à l'étendue des généralisations que les expériences déterminent; et nos généralisations changent à mesure que les expériences s'accumulent. L'intégration des causes, regardées dans le principe comme multiples et locales, mais finalement regardées comme unes et universelles, est un procédé qui implique, il est vrai, le passage par tous les degrés intermédiaires entres ses deux extrêmes; mais s'imaginer que les pas que l'on fait de l'un à l'autre sont des degrés par lesquels on s'élève, ne peut être que l'effet de l'illusion. Les causes que nous supposons d'abord concrètes et individuelles s'identifient dans l'esprit à mesure que les phénomènes semblables se forment en groupes. En s'identifiant et en s'étendant à un nombre de plus en plus grand de phénomènes, les causes deviennent de moins en moins distinctes dans leur individualité ; si l'identification continue, elles deviennent par degrés diffuses et indéfinies dans la pensée ; et parfois, sans qu'il y ait aucun changement dans la nature du procédé, l'esprit acquiert la conscience d'une cause universelle, qui ne peut être conçue (1).

« Le système théologique est parvenu à la plus haute perfection dont il soit susceptible quand il a substitué l'action providentielle d'un être unique au jeu varié des nombreuses divinités indépendantes qui avaient été imaginées primitivement. De même, le dernier terme du système métaphysique consiste à concevoir, au lieu de différentes entités particulières, une seule grande entité générale, la *nature*, envisagée comme la source unique de tous les phénomènes. Pareillement, la per-

---

(1) Une explication très claire de ce procédé nous est fournie par l'intégration que l'on a faite récemment de la chaleur, de la lumière, de l'électricité, etc., comme modes du mouvement moléculaire. Si nous faisons un pas en arrière, nous voyons que la conception moderne de l'électricité résultait de l'intégration dans l'esprit des deux formes sous lesquelles elle se présentait dans la batterie galvanique et dans la machine électrique. Si nous remontons à une époque plus ancienne, nous voyons comment la conception de l'électricité statique est résultée de l'identification dans la pensée des forces qui s'étaient d'abord manifestées séparément dans l'ambre et le verre frottés et dans la foudre. Après de tels exemples, personne, je crois, ne doutera que le procédé n'ait toujours été le même depuis le commencement.

fection du système positif, vers laquelle il tend sans cesse, quoiqu'il soit très probable qu'il ne doive jamais l'atteindre, serait de pouvoir se représenter tous les divers phénomènes observables comme des cas particuliers d'un seul fait général, tel que celui de la gravitation, par exemple. » (P. 5.)

De même que la marche de la pensée est une, de même son point d'arrivée est un. Il n'y a point trois conceptions dernières possibles; mais il n'y a qu'une seule conception dernière. Lorsque l'idée théologique de l'action providentielle d'un seul être, remplaçant toutes les causes secondes indépendantes, s'est développée avec toute la netteté qu'elle comporte, elle devient la conception d'un être dont la puissance toujours agissante se manifeste sous tous les phénomènes; la conception, en prenant cette forme définitive, fait disparaître dans la pensée tous ces attributs anthropomorphiques qui distinguaient l'idée primitive. Le prétendu dernier terme du système métaphysique, — la conception d'une seule grande entité générale, la *nature*, envisagée comme la source de tous les phénomènes, — est une conception identique avec la première: l'idée d'une seule cause qui, en nous apparaissant comme universelle, cesse d'être regardée comme concevable, qui ne diffère que par le nom de l'idée d'un seul être se manifestant dans tous les phénomènes. Et pareillement ce qu'on nous déduit comme la perfection idéale de la science, c'est-à-dire le pouvoir de se représenter tous les phénomènes observables comme des cas particuliers d'un seul fait général, implique l'idée de quelque existence dernière à laquelle on rapporte ce fait unique, et la croyance à cette existence dernière constitue un état de la conscience identique avec les deux autres.

« Considérant comme absolument inaccessible, et vide de sens pour nous, la recherche de ce qu'on appelle les *causes*, soit premières, soit finales. » (P. 14.)

Quoique nos généralisations, en s'étendant, réduisent pour nous le nombre des causes, et rendent les conceptions que nous en avons de plus en plus indéfinies; quoique les causes multiples, en se réduisant à une cause universelle, cessent de pouvoir être représentées à l'esprit, pour lequel elles sont supposées n'être plus compréhensibles, cependant l'idée de cause reste, à la fin comme au commencement, dominante et indestructible dans la pensée. Le sentiment et l'idée de cause ne peuvent être détruits qu'en détruisant la conscience elle-même (1). (*Premiers principes*, § 25, p. 526.)

(1) On dira peut-être que Comte lui-même admet que ce qu'il appelle la perfection du système positif ne sera probablement jamais atteint, et que ce qu'il condamne est la recherche de la *nature* des causes et non la croyance générale à une cause. A la première allégation je réponds que, suivant ma manière d'entendre Comte, l'obstacle à la parfaite réalisation de la philosophie positive est l'impossibilité de détruire l'idée de cause. Et à la seconde allégation, je réponds que le principe fondamental de sa philosophie est la profession d'ignorance touchant la cause en général. Car, s'il n'en est pas ainsi, que

«... Ce n'est pas aux lecteurs de cet ouvrage que je croirai jamais devoir prouver que les idées gouvernent et bouleversent le monde, ou, en d'autres termes, que tout le mécanisme social repose finalement sur des opinions. Ils savent surtout que la grande crise politique et morale des sociétés actuelles tient, en dernière analyse, à l'anarchie intellectuelle. » (P. 48) (1).

Les idées ne gouvernent ni se bouleversent le monde : le monde est gouverné ou bouleversé par les sentiments auxquels les idées servent seulement de guides. Le mécanisme social ne repose pas finalement sur des opinions, mais presque entièrement sur le caractère. Ce n'est

---

devient la prétendue *différence entre la perfection du système positif et la perfection du système métaphysique?* Et qu'il me soit permis de faire observer ici qu'en affirmant tout le contraire de ce que Comte affirme, je suis exclu de l'école positive. S'il faut admettre sa propre définition du positivisme, comme, suivant moi, ce qu'il appelle positivisme est d'une impossibilité absolue, il est clair que je ne puis pas être ce qu'il appelle un positiviste.

(1) Un critique m'objecte amicalement que Comte n'est pas loyalement représenté par cette citation, et qu'il est blâmé par son biographe, M. Littré, pour avoir trop insisté sur le sentiment, considéré comme mobile de l'humanité. Si, dans sa *Politique positive* à laquelle je présume qu'on fait ici allusion, Comte abandonne les principes qu'il a émis d'abord, tant mieux. Mais je parle ici de ce qui est connu comme *Philosophie positive ;* et ce qui prouve que le passage cité plus haut représente telle qu'elle est la doctrine de Comte, c'est le fait que cette doctrine est reproduite au commencement de la *Sociologie.*

pas l'anarchie intellectuelle, mais l'antagonisme moral, qui est la cause des crises politiques. Tous les phénomènes sociaux sont produits par l'ensemble des sentiments et des croyances humaines : les sentiments sont en grande partie déterminés d'avance, tandis que les croyances le sont généralement après. Les passions des hommes sont avant tout héréditaires ; mais leurs croyances sont en général acquises, et dépendent des circonstances où ils se trouvent placés. Or, parmi ces circonstances, les plus importantes dépendent de l'état social, qui lui-même dépend des passions dominantes. L'état social, à n'importe quelle époque, est la résultante des ambitions, des intérêts, des craintes, des colères, des sympathies de tous les citoyens qui ont vécu et de ceux qui vivent encore. Les idées qui ont cours dans cet état social doivent, en moyenne, s'accorder avec les sentiments des citoyens, et par conséquent s'accorder en moyenne avec l'état social que ces sentiments ont produit. Des idées entièrement étrangères à l'état social ne peuvent se développer, et si elles sont introduites du dehors, elles ne peuvent être acceptées, ou, si elles sont acceptées, elles disparaissent lorsque les sentiments qui les ont fait accepter disparaissent eux-mêmes. Par conséquent, quoique les idées avancées, une fois établies, influent sur la société et sur ses progrès ultérieurs, cependant l'établissement de telles idées dépend de l'aptitude de la société à les recevoir. Dans la pratique, le caractère national et l'état social déterminent les idées qui doivent avoir cours ; ce ne sont point les idées qui ont cours qui déterminent l'état social et le caractère national. La modification de la nature morale des hommes, produite graduellement par l'action continue de la discipline de la vie sociale, est la principale cause immédiate du progrès des sociétés. (*Statique sociale*, ch. xxx.)

« Je ne dois pas négliger d'indiquer d'avance, comme une propriété essentielle de l'échelle encyclopédique que je vais proposer, sa conformité générale avec l'ensemble de l'histoire scientifique, en ce sens que, malgré la simultanéité réelle et continue du développement des différentes sciences, celles qui seront classées comme antérieures seront, en effet, plus anciennes et constamment plus avancées que celles présentées comme postérieures. » (P. 84.)

« ... Cet ordre est déterminé par le degré de simplicité, ou, ce qui revient au même, par le degré de généralité des phénomènes. » (P. 87.)

L'ordre dans lequel les généralisations de la science ont lieu est déterminé par la fréquence et la force avec lesquelles différentes classes de relations se répètent pour notre expérience consciente; et cela dépend: en partie *des rapports plus ou moins directs de ces phénomènes avec notre bien-être personnel*, en partie *de l'importance de l'un ou de l'autre des deux phénomènes entre lesquels nous percevons un rapport;* en partie *de la fréquence absolue*, en partie *de la fréquence relative avec laquelle les phénomènes se présentent;* en partie *de leur degré de simplicité*, et en partie *de leur degré d'abstraction.* (*Premiers Principes*, 1re édit., § 36, faisant suite à cette brochure.)

« En résultat définitif, la mathématique, l'astronomie, la physique, la chimie, la physiologie et la physique sociale : telle est la formule encyclopédique qui, parmi le très grand nombre de classifications que comportent les six sciences fondamentales, est seule logiquement conforme à la hiérarchie naturelle et invariable des phénomènes. » (P. 115.)

L'ordre dans lequel les sciences sont rangées par Comte n'est pas logiquement conforme à la hiérarchie naturelle et invariable des phénomènes, et il n'y a point d'ordre sériaire, quel qu'il soit, dans lequel elles puissent être placées, qui représente la dépendance logique, soit des connaissances, soit des phénomènes. (Voyez la *Genèse de la science* et l'essai précédent.)

« On conçoit, en effet, que l'étude rationnelle de chaque science fondamentale, exigeant la culture préalable de toutes celles qui la précèdent dans notre hiérarchie encyclopédique, n'a pu faire de progrès réels et prendre son véritable caractère qu'après un grand développement des sciences antérieures, relatives à des phénomènes plus généraux, plus abstraits, moins compliqués et indépendants des autres. C'est donc dans cet ordre que la progression, quoique simultanée, a dû avoir lieu. » (P. 100.)

Le développement historique des sciences n'a

pas eu lieu dans cet ordre sériaire, ni dans tout autre ordre sériaire; il n'y a point de *véritable filiation* des sciences. Dès le principe, les sciences abstraites-concrètes et les sciences concrètes ont progressé ensemble : les premières résolvant les problèmes présentés par les secondes et les troisièmes, et se développant seulement par la solution des problèmes; les secondes se développant aussi en concourant avec les premières à la solution des problèmes présentés par les troisièmes. Pendant toute la durée de leur progrès il y a eu action et réaction continue entre les trois grandes classes qu'elles forment, — progrès des faits concrets aux faits abstraits, et ensuite application des faits abstraits à l'analyse de nouvelles classes de faits concrets. (Voyez la *Genèse de la science*.)

Tels sont les principes qui ont servi à Comte pour l'organisation de sa philosophie. Abstraction faite de ces vérités générales, qui étaient reconnues avant lui, et qui sont la propriété commune de tous les penseurs modernes, il ne reste que ces doctrines générales qui distinguent et caractérisent son système. Sur chacune d'elles je suis en désaccord avec lui. A chaque proposition j'oppose ou une proposition tout à fait différente, ou une négation directe; et ce que je fais maintenant, je l'ai toujours fait à partir de l'époque où j'ai pris connaissance de ses écrits. Le fait de rejeter ainsi ses principes fondamentaux devrait suffire, je crois; mais il est un grand nombre d'autres vues, formant une partie essentielle de son système, que je rejette également. Indiquons-les en courant.

L'origine des êtres organiques est une question que Comte met au nombre des spéculations oiseuses, car il pose réellement en fait que les espèces sont immuables.

Cette question peut être résolue, selon moi, et elle le sera tôt ou tard. La partie de la biologie qui traite de l'origine des espèces me paraît la partie la plus importante, et celle à laquelle toutes les autres sont subordonnées. Car de la solution que la biologie donnera de ce problème doit dépendre entièrement notre conception de la nature humaine, considérée dans le passé, dans le présent et dans l'avenir, doit dépendre notre théorie de l'intelligence et notre théorie de la société.

La plus importante de toutes les parties de la psychologie, celle qui consiste dans l'analyse subjective de nos idées, est regardée par Comte comme absolument impossible.

Dans mon ouvrage intitulé *Principes de Psychologie*, dont la moitié est subjective, j'ai exprimé avec force ma croyance à une science subjective de l'esprit.

D'après Comte, la société la plus parfaite est celle où le *gouvernement* a atteint son plus grand développement ; — où les fonctions distinctes sont, beaucoup plus qu'elles ne le sont maintenant, soumises à une réglementation publique ; — où la hiérarchie fortement organisée et armée d'une autorité reconnue dirigera toute chose ; — où la vie individuelle sera subordonnée en grande partie à la vie sociale.

Selon moi, au contraire, l'idéal vers lequel nous marchons est une société où le *gouvernement* sera amoindri autant qu'il peut l'être, et la liberté augmentée autant qu'elle peut l'être ; où la nature humaine sera, par la discipline sociale, façonnée à la vie civile de manière à rendre inutile toute répression extérieure, et à laisser chacun maître de lui-même ; où le citoyen ne souffrira aucune entrave à sa liberté, excepté celle qui est nécessaire pour assurer aux autres une liberté égale ; où la coopération spontanée qui a développé notre système industriel, et qui continue de le développer avec une rapidité toujours croissante, aura créé des agences pour l'exercice de presque toutes les fonctions sociales, et n'aura laissé pour tâche à l'action gouvernementale d'autrefois que celle de sauvegarder la liberté et de rendre possible cette coopération spontanée ; où le développement de la vie individuelle n'aura d'autres limites que celles qui lui sont posées par la vie sociale, et où la vie sociale n'aura d'autre but que celui d'assurer le libre développement de la vie individuelle.

Comte n'admettant point dans sa philosophie l'idée et le sentiment d'une cause qui se manifeste à nous sous tous les phénomènes, et cependant reconnaissant la nécessité d'une religion, ayant un objet propre, donne pour objet à cette dernière l'humanité. Cette vie collective (de la société) est dans le système de Comte l'*Être suprême*, le seul être que nous puissions connaître, et, par conséquent, le seul que nous puissions adorer.

Je conçois, au contraire, que l'objet du sentiment religieux continuera d'être ce qu'il a toujours été, la source inconnue des choses. Tandis que les *formes* sous lesquelles les hommes ont conscience de la cause inconnue des choses changent et disparaissent, la *substance* qui est au fond de ce phénomène de conscience reste toujours la même. Débutant par la conception d'agents imparfaitement connus, passant ensuite à la conception d'agents de moins en moins connus et de moins en moins susceptibles d'être connus, et arrivant enfin à la conception d'une cause universelle reconnue comme absolument incognoscible, le sentiment religieux a atteint l'objet dont il ne doit jamais cesser de s'occuper. Parvenu, à la fin de ses évolutions, à l'Infini Incognoscible, comme objet de contemplation, ce sentiment ne peut plus (à moins de rétrograder) reprendre pour objet de contemplation un Fini Cognoscible, comme l'humanité.

Voilà donc plusieurs autres points, tous importants, les deux derniers importants au suprême degré, sur lesquels mes idées sont diamétralement opposées à celles de Comte; et, si l'espace me le permettait, je pourrais en ajouter beaucoup d'autres. Étant ainsi radicalement en désaccord avec lui sur tout ce qui distingue sa philosophie, et ayant exprimé mon dissentiment d'une manière invariable, en public et en particulier, à partir de l'époque où je pris connaissance de ses écrits, quel ne dut pas être mon étonnement lorsque je me vis rangé au nombre de ses disciples? Je comprends que ceux qui n'ont lu que les *Premiers Principes* aient été induits en erreur de la manière indiquée plus haut par l'ambiguïté des termes *philosophie positive*. Mais que ceux qui connaissent mes ouvrages précédents supposent qu'outre le parti pris de préférer en tout les faits prouvés aux simples croyances ou aux superstitions, il y a entre la doctrine de Comte et la mienne une ressemblance générale, c'est ce qui me surprend et m'étonne.

Il est vrai que, tout en m'écartant de Comte en ce qui concerne les principes fondamentaux qui caractérisent son système, je me rapproche de lui sur beaucoup de points d'une importance secondaire. J'ai invoqué son autorité lorsque j'ai essayé de démontrer par de nouvelles preuves la doctrine d'après laquelle l'éducation de l'individu doit s'accorder, dans son objet et dans sa marche, avec l'éducation du genre humain considérée historiquement. Je partage entièrement son opinion sur la nécessité d'une nouvelle classe de savants dont la fonction sera de coordonner les résultats auxquels les autres sont arrivés. C'est à lui que je suis redevable de la conception d'un *consensus* social; et, lorsque le temps viendra d'approfondir cette conception, je lui en témoignerai ma reconnaissance. J'adopte le mot *Sociologie*, qu'il a inventé. Il y a, en outre, dans la partie de ses ouvrages que j'ai lue, bon nombre d'observations accessoires d'une grande profondeur et d'une grande fécondité, et je ne doute pas que, si je lisais un plus grand nombre de ses écrits, je n'en trouvasse beaucoup d'autres (1). Il est très probable aussi (puisqu'on me l'assure) que j'ai dit certaines choses que M. Comte avait dites avant moi. Il serait, je crois, très difficile de trouver deux hommes qui n'eussent point des opinions communes. Et il serait extrêmement étrange que deux hommes, partant des mêmes doctrines générales établies par la science moderne, pussent traverser en partie les mêmes champs d'investigation, sans jamais se rencontrer. Mais qu'importe que l'on s'accorde sur les points secondaires lorsqu'on est en désaccord sur les principes fondamentaux ? Si l'on excepte ces vérités générales que nous possédons en commun avec les savants et les penseurs de notre temps, les différences entre nous sont essentielles, tandis que les ressemblances ne le

(1) C'est en 1853 que j'ai lu l'exposition de Comte dans l'original ; et en deux ou trois autres endroits j'ai consulté l'original pour avoir ses expressions exactes. Quant à la *Physique Inorganique* et au premier chapitre de la *Biologie*, je les ai lus dans la traduction abrégée de mademoiselle Martineau, lors de son apparition. Le reste des vues de Comte ne m'est connu que par l'analyse de M. Lewes et par des renseignements recueillis çà et là.

sont pas. Or j'ose penser que la parenté s'établit sur des caractères essentiels et non sur des qualités accessoires (1).

Outre la signification équivoque de la phrase « *philosophie positive* », qui fait mettre au nombre des disciples de Comte beaucoup de penseurs qui ignorent ou qui rejettent ses principes, il est une circonstance particulière qui a contribué à me faire ranger aussi dans la même catégorie. Ce qui a fait supposer qu'il y a quelque rapport entre Comte et moi, c'est incontestablement le titre que je donnai à mon premier ouvrage, *Statique sociale*. Lorsque ce livre fut publié, j'ignorais que ce titre avait déjà été employé; si je l'avais su, j'en aurais certainement employé un autre que j'avais en vue (2).

---

(1) Dans son ouvrage récemment publié, *Auguste Comte et la philosophie positive*, M. Littré, défendant la classification des sciences de Comte contre les critiques] que j'en ai faites dans la *Genèse de la science*, me traite tout à fait en adversaire. Au commencement du chapitre qu'il consacre à sa réponse, il me place en opposition directe avec les disciples anglais de Comte, nommés dans le chapitre précédent.

(2) J'ai cru, à cette époque, et j'ai toujours cru jusqu'à présent, que le choix de ce titre avait un sens tout à fait différent de celui

Cependant, si, au lieu du titre, on considère l'ouvrage lui-même, on verra assez clairement qu'il n'a point de rapports avec la philosophie de Comte. Il existe sur ce point un témoignage décisif. Dans la *Revue britannique du Nord* du mois d'août 1851, un écrivain qui

---

que lui avait donné Comte. Pendant que j'écrivais ces lignes, j'ai trouvé des raisons de penser le contraire. En relisant la *Statique sociale*, pour voir quelles étaient mes vues sur l'*évolution* sociale, en 1850, alors que Comte ne m'était encore connu que de nom, je tombai sur la phrase suivante : « La philosophie sociale peut très bien (comme l'*économie politique*) se diviser en deux parties : la statique et la dynamique. » (P. 409.) Je me rappelai que c'était une allusion à une division que j'avais vue dans l'*Économie politique* de M. Mill. Mais pourquoi n'avais-je pas cité le nom de M. Mill ? En relisant la première édition de son ouvrage, je trouvai, au commencement du livre IV, cette phrase : « Les trois parties précédentes embrassent, aussi détaillée que le permettent les limites de ce traité, une vue de ce qui, par une heureuse généralisation d'une formule mathématique, a été appelé la *statique* du sujet. » Là était la solution de la question. Cette division n'avait pas été faite par M. Mill, mais, comme je le supposais, par quelque écrivain sur l'économie politique, que lui ne nommait pas et que je ne connaissais pas moi-même. Néanmoins, il est évident maintenant que, quand je croyais donner plus d'étendue à cette division, je ne l'employais que dans le sens restreint que lui avait donné M. Mill. Il est une autre chose qui, je crois, est assez manifeste : comme je désirais évidemment reconnaître mes obligations à quelque économiste inconnu, dont je croyais étendre la division, je l'aurais nommé si je l'avais connu. Et, dans ce cas, je n'aurais pas donné cette extension de la division comme nouvelle.

rend compte de la *Statique sociale* s'exprime ainsi :

« Le titre de cet ouvrage, cependant, est tout à fait impropre. D'après toutes les analogies, les mots *Statique sociale* ne devraient être employés que dans le sens où, comme nous l'avons déjà expliqué, ils l'ont été par Comte, c'est-à-dire pour désigner cette branche de recherches qui a pour but de découvrir les lois de l'équilibre ou de l'ordre social, en tant que ces lois se distinguent dans la pensée de celles du mouvement ou du progrès social. Voilà ce dont M. Spencer semble n'avoir pas eu la moindre idée, car il paraît n'avoir donné ce titre à son ouvrage que pour indiquer vaguement qu'il se proposait de traiter des affaires sociales d'une manière scientifique. » (P. 321.)

Maintenant que je comprends l'application que Comte a faite des mots *statique* et *dynamique* aux phénomènes sociaux, je me contenterai de dire que, tout en comprenant parfaitement comment, par une extension légitime du sens qu'ils ont en mathématiques, l'un peut être employé pour indiquer *les fonctions sociales en équilibre*, et l'autre pour indiquer les *fonctions d'un état hors d'équilibre*, je suis tout à fait incapable de comprendre comment les phéno mènes de *structure* peuvent être impliqués dans l'un plutôt que dans l'autre. Mais deux choses m'importent ici : la première, de constater que je n'avais pas « la moindre idée » de donner aux mots *statique sociale* le sens que leur a donné Comte; la seconde, d'expliquer le sens que je leur ai donné. Les unités de tout agrégat matériel sont en équilibre lorsque toutes agissent et réagissent les unes sur les autres de tous côtés et avec des forces égales. Un changement dans leur état implique dans les unes l'action de certaines forces qui ne sont pas contre-balancées par des forces égales dans les autres. L'état de repos implique entre elles l'équilibre des forces: — implique, si elles sont homogènes, l'égalité de distances entre elles; — implique que toutes se maintiennent dans leurs sphères respectives de mouvement moléculaire. Pareillement entre les unités qui composent une société, la principale condition d'équilibre consiste dans la pondération des forces qu'elles s'opposent les unes aux autres. Si les sphères d'action de quelques unités sont diminuées par l'extension des sphères d'action d'autres unités, il en résulte nécessairement une perturbation qui tend à produire un changement politique dans les relations des individus; et la tendance au changement ne peut cesser que lorsque les individus cessent, chacun de son côté, d'empiéter les uns sur les autres, — lorsque chacun observe la loi qui garantit à tous une liberté égale, loi que la *statique sociale* avait pour but d'étudier dans sa nature et dans toutes ses conséquences. Outre cette différence dans la conception générale de ce qui constitue la statique sociale, l'ouvrage auquel j'ai donné ce titre est presque en toute chose radicalement opposé aux doctrines de Comte. Loin de prétendre, comme Comte, que la réorganisation sociale doit avoir lieu par la philosophie, on y prétend que cette réorganisation n'aura lieu que par les effets accumulés de l'habitude sur le caractère; on y prétend qu'il faut non étendre, mais restreindre le contrôle de l'autorité sur le citoyen, et que l'idéal auquel il faut tendre est, non un nationalisme, mais un individualismeplus prononcé. Ma croyance politique est si profondément différente de celle de Comte, qu'elle a été, si je ne me trompe, signalée par un des principaux disciples anglais de Comte, comme la croyance pour laquelle il a la plus grande aversion. Il est cependant un point sur lequel nous nous rapprochons : l'analogie entre l'organisme individuel et l'organisme social, entrevue par Platon et par Hobbes, est reconnue dans la *Statique sociale*, comme dans la *Sociologie* de Comte. Conformément à ses vues, Comte a fait de cette analogie l'idée fondamentale de cette division de sa philosophie. Dans la *Statique sociale*, dont le but est essentiellement moral, cette analogie n'est indiquée qu'en passant, pour donner plus de force à certaines considérations morales, et y est évidemment amenée en partie par la définition de la vie que Coleridge a empruntée à Scheelling, et en partie par les généralisations des physiologistes, auxquelles on renvoie (ch. xxx, § 12, 13, 16). A l'exception de cette ressemblance, tout à fait insignifiante, le contenu de la *Statique sociale* est tellement différent de la philosophie de Comte, que, sans le titre, mon ouvrage n'aurait jamais, je crois, fait penser au sien, à moins que ce ne fût par un effet de cette loi de l'association des idées qui réunit les contraires (1).

Et maintenant qu'il me soit permis d'indiquer

---

(1) Qu'on me permette d'ajouter que la conception développée dans la *Statique sociale* est postérieure à une série de lettres sur la « Sphère propre du Gouvernement », publiées dans le *Non-conformiste*, dans la dernière moitié de 1842, et réimprimées comme brochure en 1843. On trouvera dans ces lettres, au milieu de beaucoup de pensées indigestes : la même croyance à des lois invariables régissant les phénomènes sociaux ; la même croyance au progrès de l'humanité déterminé par ces lois ; la même croyance à la modification morale des hommes produite par la discipline sociale ; la même croyance à la tendance des différentes formes de gouvernement « à se constituer d'elles-mêmes à l'état d'équilibre stable » ; la même condamnation du contrôle autoritaire dans les diverses sphères de la vie sociale ; les mêmes bornes posées à l'action de l'État, réduite à la seule fonction d'assurer le respect de la justice et de l'équité dans les relations des citoyens entre eux. La *Statique sociale* n'a été écrite que dans le but de reconstruire sur un fondement plus solide les doctrines exposées dans les lettres : dans la première partie, on a dégagé les principes d'où elles se déduisent ; dans la seconde, on leur a donné plus de force et de clarté.

ce qui a réellement exercé une profonde influence sur la marche de ma pensée. La vérité. entrevue obscurément par Harvey dans ses Recherches embryologiques, perçue dans la suite plus clairement par Wolf, et enfin définitivement formulée par von Baer, — la vérité que tout développement organique consiste dans le passage de l'état d'homogénéité à l'état d'hétérogénéité, est le principe d'où j'ai tiré indirectement les conclusions auxquelles je me suis définitivement arrêté. Partout dans la *Statique sociale* se manifeste une croyance dominante aux évolutions de l'homme et de la société. Partout aussi se manifeste la croyance que, pour l'un et pour l'autre, ces évolutions sont déterminées par l'influence des conditions incidentes et par l'action des circonstances. A cette croyance s'ajoute, dans le même ouvrage, la reconnaissance de ce fait que les évolutions organiques et sociales obéissent à la même loi. En confirmant ma croyance à des évolutions d'ordres différents, et partout déterminées par des causes naturelles (évolutions signalées d'ailleurs dans la *Théorie de la population* et dans les *Principes de psychologie)*, la formule de von Baer m'a servi de principe organisateur. Je l'ai étendue à d'autres phénomènes que ceux de l'organisation individuelle et sociale; je l'ai appliquée dans le dernier paragraphe d'un essai sur la *Philosophie du style*, publié en octobre 1852; dans un essai sur les *Manières et la Mode*, publié en avril 1854; plus tard, et avec plus de hardiesse, dans un essai sur le *Progrès : ses lois et ses causes*, publié en avril 1857. Dans la suite, je reconnus la nécessité de restreindre encore ce principe; j'étudiai alors ces lois générales de la force, d'où résulte nécessairement cette transformation universelle; je ramenai alors toutes ces lois à une loi unique : celle de la persistance de la force; je découvris ensuite, manifeste partout, une loi de dissolution, complément de la loi d'évolution; et enfin, je déterminai les conditions (spécifiées dans l'essai précédent), sous lesquelles l'évolution et la dissolution ont respectivement lieu. La filiation de ces résultats est, je crois, assez manifeste. Le procédé a eu un développement continu, et il est devenu ce qu'il est par l'application de la loi de von Baer combinée avec certaines idées qui étaient en harmonie avec elle, l'application de la loi de von Baer aux phénomènes divers qu'elle peut expliquer. Si ma pensée a subi d'autres influences, c'est, je l'assure, tout à fait à mon insu.

Il est possible, cependant, que des influences que j'ignore aient agi sur mon esprit ; et, parmi celles-ci, se trouve peut-être mon opposition même à la doctrine de Comte : c'est souvent dans la connaissance d'un système contraire, qu'un penseur trouve l'occasion de donner à ses propres idées une netteté plus grande et un développement plus suivi. Il est probable que les doctrines exposées dans l'essai sur la *Genèse de la science* n'auraient jamais eu l'occasion de se produire, si mon opposition décidée au système de Comte ne m'avait poussé à en poursuivre le développement, et que, sans cette circonstance, je ne serais jamais arrivé à la classification des sciences, présentée dans l'essai qui précède. Il est très possible que sur d'autres points ma répugnance pour les vues de Comte m'ait aidé dans l'élaboration de mes propres idées; mais, s'il en est ainsi, je l'ignore complètement.

Qu'on se garde bien de supposer, par tout ce que je viens de dire, que je ne considère pas les spéculations de Comte comme étant d'une grande valeur. Vrai ou faux, son système, dans son ensemble, a produit dans les idées de beaucoup de penseurs d'importantes et salutaires révolutions, et il n'est pas douteux qu'il n'exerce cette influence sur beaucoup d'autres. Il n'est pas douteux non plus que, pour beaucoup de ceux qui rejettent ses principes généraux, la connaissance même de ces principes n'ait été un stimulant énergique et salutaire. L'ensemble de son système et de sa méthode scientifique, bien ou mal coordonné, ne peut avoir manqué d'agrandir les conceptions de la plupart de ses lecteurs. Il a d'ailleurs rendu un service singulier en familiarisant les hommes avec l'idée d'une science sociale, fondée sur les autres sciences. Outre ces services, qui résultent du caractère général et du but de sa philosophie, je crois qu'il a semé partout, dans ses pages, beaucoup d'idées larges, non seulement capables d'en faire naître d'autres, mais encore remarquables par leur vérité propre.

Ç'a été pour moi une tâche fort peu agréable que d'avoir eu à m'occuper d'une question personnelle ; mais c'est une tâche que j'ai cru ne pouvoir décliner. Professant des idées radicalement opposées à celles de Comte, sur toutes les doctrines fondamentales, excepté celles que nous avons hérité en commun du passé, j'ai cru nécessaire de ne pas laisser subsister l'opinion que je suis d'accord avec lui, nécessaire de montrer qu'une grande partie de ce qui est connu généralement sous le nom de « philosophie positive » n'est pas la « philosophie positive » en ce sens qu'elle soit la philosophie particulière de Comte, et enfin de montrer que je rejette tout, dans ce qu'on appelle « philosophie positive », excepté ce qui ne lui appartient pas en propre.

Qu'il me soit permis, en finissant, comme en commençant, de dire combien je regrette que ces explications aient été provoquées par les pritiques d'un écrivain qui m'a traité si libéralement. Rien, je le crains, n'empêchera ces pages de paraître une réponse fort peu gracieuse aux sympathiques observations de M. Laugel; il ne me reste qu'un espoir, c'est que l'importance de la question, en tant qu'elle me concerne, puisse me servir d'excuse, sinon d'apologie suffisante.

IV

DES LOIS EN GÉNÉRAL (1)

Reconnaître des lois, c'est reconnaître l'uniformité des rapports entre les phénomènes; il suit de là que l'ordre dans lequel les différents groupes de phénomènes sont rapportés à des

---

(1) Le chapitre suivant fut imprimé dans la première édition des *Premiers Principes*. Je le retranchai de la seconde édition refondue, parce qu'il avait cessé d'en former une partie essentielle. Comme on y renvoie dans les pages précédentes et que les matières qu'il renferme se rapportent à celles que nous touchons maintenant, j'ai cru qu'il ne serait pas inutile de le mettre ici sous forme d'appendice. De plus, bien que j'espère l'incorporer plus tard à cette division des *Principes de Sociologie* qui traite du progrès intellectuel, cependant, comme il peut s'écouler beaucoup de temps avant qu'il reparaisse à la place qui lui convient, et comme, dans le cas où je ne pourrais achever mon entreprise, il peut se faire qu'il ne reparaisse jamais, il me paraît convenable d'en rendre la lecture plus accessible qu'elle ne l'est maintenant. Les premières et les dernières sections, qui servaient à le relier au sujet de l'ouvrage auquel il appartenait d'abord, ont été omises ici. Le reste a été revu avec soin, et, dans quelques parties, considérablement modifié.

lois doit dépendre de la fréquence avec laquelle les rapports uniformes qu'ils manifestent chacun à part sont perçus distinctement. A quelque degré que l'on soit arrivé dans la connaissance de ces rapports uniformes, les mieux connus sont ceux qui ont frappé l'esprit le plus souvent et le plus fortement. La constance et la régularité que nous supposerons entre les phénomènes successifs seront proportionnées en partie au nombre de fois qu'une relation se sera présentée non seulement à nos sens, mais encore à notre conscience, en partie à la vivacité de l'impression que les deux termes de la relation auront faite sur nous.

Tel est le principe qui dirige l'esprit dans la découverte des lois. De ce principe général dérivent certains principes secondaires auxquels cette succession doit se conformer d'une manière plus immédiate et plus évidente. — En premier lieu, *l'influence plus ou moins directe des phénomènes sur notre bien-être personnel.* Tandis que, dans ce qui nous entoure, beaucoup de choses n'exercent sur nous aucune influence appréciable, d'autres, à différents degrés, produisent en nous des plaisirs ou des peines : il est évident que les phénomènes dont l'action sur nos organes, soit en bien, soit en mal, est la plus forte seront les premiers dont les lois seront constatées et reconnues. — En second lieu, *l'évidence des deux phénomènes entre lesquels un rapport peut être perçu, ou du moins de l'un d'eux.* Parmi les phénomènes, les uns sont tellement cachés qu'ils ne peuvent être découverts que par une observation très attentive : les autres ont trop peu d'importance pour être remarqués; d'autres ne sollicitent que médiocrement notre attention ; d'autres enfin ont tant d'importance et d'éclat qu'ils s'imposent d'eux-mêmes à notre observation ; il n'est pas douteux que, les conditions étant supposées les mêmes, ces derniers seront parmi ceux dont les lois seront reconnues les premières. — En troisième lieu, *la fréquence absolue avec laquelle les relations se présentent.* Il y a bien des degrés dans la manière dont les phénomènes se manifestent à nous, soit dans leur simultanéité, soit dans leur succession : les uns sont de longue durée ou constamment sous nos regards, les autres ne durent qu'un instant ou ne se montrent que très rarement; il est évident que les derniers ne seront pas rapportés à leurs lois aussi promptement que les premiers. — En quatrième lieu, *la fréquence relative des phénomènes*. Beaucoup de phénomènes n'ont lieu qu'en certains temps et en certains lieux; or, comme un rapport qui n'est pas à la portée d'un observateur ne peut être perçu, fût-il d'ailleurs un fait très commun sur d'autres points de l'espace et du temps, nous devons tenir compte des circonstances physiques environnantes, aussi bien que de l'état de la société, des arts et des sciences, car tout cela influe sur la fréquence avec laquelle certains groupes de phénomènes se manifestent. — Le cinquième principe secondaire que nous devons prendre en considération, c'est que la découverte des lois dépend en partie de la *simplicité* des phénomènes qu'elles régissent. Les phénomènes complexes dans leurs causes ou leurs conditions nous dérobent tellement leurs relations essentielles qu'il faut des expériences souvent répétées pour découvrir le lien véritable qui unit les antécédents aux conséquents. Il ressort de là que, toutes choses égales d'ailleurs, la généralisation doit aller du simple au composé, et c'est là ce que Comte a regardé bien à tort comme le seul principe régulateur de la généralisation. — En dernier lieu, vient *le degré d'abstraction* : les relations concrètes sont les premières connues. C'est plus tard nécessairement que l'on a recours à l'analyse pour séparer les connexions essentielles de toutes les circonstances qui les déguisent. C'est alors qu'il devient possible de décomposer en leurs éléments les rapports, toujours plus ou moins complexes, qui lient les phénomènes entre eux. Ainsi procède la généralisation, jusqu'à ce qu'elle ait atteint les vérités les plus hautes et les plus abstraites.

Tels sont les divers principes secondaires. La fréquence et l'impression plus ou moins vive avec laquelle les relations invariables frappent l'observation interne et externe, déterminent la reconnaissance de leur uniformité, et cette fréquence et cette vivacité d'impression dépendant des conditions indiquées plus haut, il en résulte que l'ordre dans lequel les faits se groupent et se généralisent doit dépendre de la réalisation plus ou moins complète des conditions susdites. Voyons comment les faits justifient cette conclusion, en examinant d'abord ceux qui mettent en lumière le principe général, et puis ceux qui démontrent les principes particuliers qui en découlent.

Les relations reconnues les premières comme uniformes sont celles qui existent entre les propriétés communes de la matière : tangibilité, visibilité, cohésion, pesanteur, etc. Nous n'avons jamais supposé ni qu'il fût un temps où la résistance offerte par un objet fût regardée par nous comme causée par la volonté de l'objet, ni qu'il fût un temps où la pression d'un corps sur la main qui le tient fût attribuée à l'action d'un être vivant. Aussi sont-ce là les relations dont nous avons le plus souvent conscience, ces relations étant objectivement fréquentes, remarquables, simples, concrètes, et nous affectant d'une manière immédiate.

Il en est de même des phénomènes ordinaires du mouvement. La chute d'un corps aussitôt qu'il est privé de son appui est un fait qui nous affecte directement, un fait évident, simple, concret et très souvent répété. Aussi est-ce un fait qui a été reconnu comme loi antérieurement à toute tradition. Nous ignorons s'il fut une époque où les mouvements produits par la gravitation terrestre furent attribués à une volition. Si quelquefois on a recours à l'intervention d'un agent libre, c'est seulement lorsqu'il s'agit d'une relation obscure ou d'un fait dont l'antécédent n'est pas perçu, comme la chute d'un aérolithe. — D'un autre côté, des mouvements de même nature que celui d'une pierre qui tombe, les mouvements des corps célestes, restent longtemps sans être généralisés, et, jusqu'à ce que leur uniformité soit reconnue, sont considérés comme les effets d'une volonté libre. Cette différence ne tient pas évidemment au degré de complexité ou d'abstraction, puisque le mouvement elliptique d'une planète est un phénomène aussi simple et aussi concret que le mouvement d'une flèche qui décrit une parabole. Mais les antécédents ne se laissent pas apercevoir ; les successions sont de longue durée et ne sont pas souvent répétées. Voilà pourquoi on a tardé à réduire ces phénomènes en lois ; ce qui le prouve, c'est qu'ils ont été successivement généralisés d'après leurs degrés de fréquence et d'évidence : le cycle mensuel de la lune d'abord ; puis le mouvement annuel du soleil ; plus tard, les périodes des planètes inférieures, et enfin les périodes des planètes supérieures.

A l'époque où les phénomènes astronomiques étaient encore attribués à une volonté, certains phénomènes terrestres d'un ordre différent, mais d'une simplicité égale pour quelques-uns, étaient interprétés de la même manière. La solidification de l'eau à une basse température est un phénomène simple, concret et qui nous touche de près ; mais il n'est ni aussi fréquent que les phénomènes que nous voyons généralisés plus tôt, ni aussi facile à connaître dans son antécé dent. Quoique tous les climats, excepté sous les tropiques, nous offrent assez régulièrement en hiver le rapport qui existe entre le froid et la glace, cependant, au printemps et en automne, les gelées accidentelles du matin n'ont pas des rapports bien évidents avec le degré de température. La sensation n'offrant pas une règle d'appréciation très sûre, il est impossible pour un sauvage de percevoir le rapport exact qui existe entre une température de 32 degrés Fahrenheit et la congélation de l'eau. Voilà pourquoi on a pendant longtemps attribué ce phénomène à une cause personnelle. La même chose a eu lieu par rapport aux vents et pour des raisons plus grandes encore. Leur irrégularité et l'obscurité où se cachent leurs antécédents ont permis aux explications mythologiques de subsister pendant de longues années.

A l'époque où l'uniformité de beaucoup de relations inorganiques tout à fait simples n'avait pas encore été reconnue, certaines relations organiques, très compliquées et tout à fait spéciales, étaient converties en lois. L'union constante de plumes et d'un bec, de quatre pattes et d'un système osseux interne est un fait avec lequel tous les sauvages ont toujours été et sont encore familiarisés. Si un sauvage trouvait un oiseau avec des dents ou un mammifère couvert de plumes, il serait aussi surpris que le plus savant naturaliste. Or, ces phénomènes organiques, dont l'uniformité a été reconnue de si bonne heure, sont absolument de la même nature que ces phénomènes plus nombreux dont la constance a été reconnue plus tard par la biologie. L'union constante de glandes mammaires avec deux condyles occipitaux, de vertèbres avec des dents logées dans des alvéoles, de cornes frontales avec l'habitude de ruminer, sont des généralisations purement empiriques comme celles qui sont connues du chasseur des temps primitifs. Le botaniste est incapable de comprendre le rapport mystérieux qui existe entre des fleurs papilionacées et des semences renfermées dans des gousses aplaties : il connait ces rapports et d'autres semblables comme de simples faits et de la même manière que le bar-

bare connaît les rapports qui existent entre certaines feuilles particulières et certaines espèces particulières de bois. Mais, si un grand nombre de ces relations uniformes, dont l'ensemble forme en grande partie les sciences organiques, ont été connues de très bonne heure, cela tient à l'impression vive et à la répétition fréquente avec lesquelles elles se sont présentées à l'expérience. Quoiqu'il soit très difficile de découvrir un rapport entre le cri particulier d'un oiseau et de la chair bonne à manger, cependant les deux termes de la relation sont frappants, se présentent souvent à l'observation, et la connaissance du lien qui les unit intéresse directement notre bien-être personnel. D'autre part, des relations innombrables de même ordre, et qui même s'offrent à nous plus fréquemment dans les plantes et dans les animaux, restent ignorées pendant des siècles, si elles sont peu frappantes ou sans importance manifeste.

Si, passant de cet état primitif à un état plus avancé, nous recherchons l'époque de la découverte de ces lois moins connues qui forment principalement ce qu'on nomme la science, nous trouvons que l'ordre dans lequel elles sont découvertes est déterminé par les mêmes causes. Pour s'en convaincre, il suffit d'examiner à part l'influence de chacun des principes secondaires indiqués plus haut.

Que les lois qui ont un rapport direct à la conservation de la vie soient, toutes choses égales d'ailleurs, découvertes avant celles qui ne nous intéressent qu'indirectement, c'est un fait partout attesté dans l'histoire de la science. Les habitudes des tribus encore barbares qui fixent les temps par les phases de la lune, et qui, dans leurs échanges, donnent un certain nombre d'articles pour un nombre égal d'autres articles, prouvent que les conceptions d'égalité et de nombre qui ont donné naissance aux sciences mathématiques se sont développées sous l'influence des besoins personnels; et il n'est pas douteux que ces rapports généraux des nombres entre eux, qui font partie des règles de l'arithmétique, se sont révélés pour la première fois à l'esprit dans la pratique des échanges. Il en a été de même de la géométrie. L'étymologie du mot montre que cette science ne consistait, dans le principe, que dans un certain nombre de règles nécessaires pour le partage des terres et la construction des habitations. Les propriétés de la balance et du levier, qui renferment le premier principe de la mécanique, furent généralisées de bonne heure sous l'influence des besoins du commerce et de l'architecture. La nécessité de fixer l'époque des fêtes religieuses et des travaux de l'agriculture a fait inventer aux hommes les périodes astronomiques les plus simples. Les premières connaissances en chimie, telles qu'on les retrouve dans la métallurgie ancienne, ont certainement pris naissance dans les recherches que l'on fut obligé de faire pour perfectionner les outils et les instruments. L'alchimie des temps postérieurs nous montre ce qu'a pu, pour la découverte d'un certain nombre de lois, le désir ardent de se procurer des avantages personnels. Notre âge n'est pas non plus dépourvu d'exemples de cette nature. « Ici, dit Humbold. lors qu'il voyageait en Guyane, ici comme dans beaucoup de contrées de l'Europe, les sciences ne sont jugées dignes d'occuper l'esprit qu'en tant qu'elles peuvent contribuer immédiatement au bien-être de la société ». « Comment croire, lui disait un missionnaire, que vous ayez quitté votre pays pour venir sur les bords de cette rivière vous exposer à être dévoré par les Mosquitos, et pour mesurer des terres qui ne vous appartiennent pas? » Nos côtes fournissent des exemples pareils. Sur les bords de la mer, il n'est point de naturaliste qui ne sache avec quel mépris les pêcheurs regardent les collections qui sont faites pour le microscope ou l'aquarium. Telle est leur incrédulité sur la valeur qu'elles peuvent avoir qu'on parvient à peine, même par l'appât du gain, à leur faire conserver le rebut de leurs filets. Mais pourquoi chercher loin de nous des preuves qui nous sont fournies par les entretiens journaliers de ceux avec lesquels nous vivons. Le désir que l'on exprime de posséder « une science pratique », une science qui puisse servir aux besoins de la vie, joint au ridicule que l'on jette ordinairement sur les recherches scientifiques qui ne sont pas d'une application immédiate, suffit pour montrer que l'ordre suivant lequel les lois se découvrent dépend en grande partie de l'influence plus ou moins directe qu'elles peuvent exercer sur notre bien-être.

Que, toutes choses égales d'ailleurs, les phénomènes imposants soient rapportés à leurs lois avant les phénomènes peu remarquables, c'est une vérité si évidente qu'elle n'exige presque aucune preuve. Si l'on admet que par l'homme primitif, comme par l'enfant, les propriétés des grands objets de la nature sont remarquées avant celles des objets petits, et que les relations externes des corps sont généralisées avant les relations internes, il faut admettre aussi que, dans les progrès subséquents, l'importance ou la grandeur des relations a déterminé en grande partie l'ordre dans lequel elles ont été reconnues comme uniformes. De là il est arrivé qu'après avoir constaté d'abord ces phénomènes très frappants qui constituent une lunaison, puis ces phénomènes moins frappants qui marquent l'année, et enfin ces phénomènes encore moins frappants qui marquent les périodes planétaires, l'astronomie s'est occupée de phénomènes beaucoup moins remarquables, de ceux, par exemple, qui se répètent dans le cycle des éclipses de la lune, et de ceux qui ont suggéré la théorie des épicycles et des cercles excentriques. Quant à l'astronomie moderne, elle s'occcupe de phénomènes beaucoup moins frappants encore; et cependant, parmi ces phénomènes, quelques-uns, comme la rotation des planètes, sont les plus simples que nous présente le ciel. En physique, l'usage que l'on apprit de bonne heure à faire des canots, impliquait la connaissance empirique de certains phénomènes hydrostatiques, intrinsèquement plus complexes que beaucoup de phénomènes statiques que l'expérience seule n'a pu révéler; mais ces phénomènes hydrostatiques s'imposaient d'eux-mêmes à l'observation. Si nous comparons la solution du problème de la gravité spécifique par Archimède avec la découverte de la pression atmosphérique par Torricelli (deux phénomènes de nature identique), nous comprenons que l'une a précédé l'autre, non à cause d'une différence dans les rapports des deux phénomènes avec notre bien-être personnel, ni à cause d'une différence au point de vue de leurs manifestations plus ou moins fréquentes, ni à cause de leur simplicité relative. mais parce que, dans le premier cas, le rapport entre l'antécédent et le conséquent est beaucoup plus frappant que dans le second. Entre autres exemples pris au hasard, on peut faire remarquer que les rapports entre l'éclair et le tonnerre, et entre la pluie et les nuages, furent reconnus longtemps avant d'autres rapports du même ordre, simplement parce qu'ils s'imposaient d'eux-mêmes à l'attention. La découverte si tardive des formes microscopiques de la vie et de tous les phénomènes qu'elles présentent peut être citée comme pouvant servir à montrer clairement que certains groupes de relations ordinairement imperceptibles, bien que sous d'autres points de vue semblables à d'autres relations connues depuis longtemps, ne peuvent se révéler à nous que lorsqu'un changement de circonstances ou de conditions les a rendues susceptibles d'être perçues. Mais, sans entrer dans de plus longs détails, il suffit d'examiner les recherches dont s'occupent maintenant le physicien, le chimiste, le physiologiste, pour voir que la science n'a avancé et ne continue d'avancer qu'en allant des phénomènes qui sont les plus frappants aux phénomènes qui le sont moins.

Si nous comparons entre eux certains faits biologiques, nous voyons jusqu'à quel point la *fréquence absolue* d'une relation avance ou retarde la reconnnaissance de son uniformité. Le rapport entre la mort et les blessures, rapport constant non seulement en ce qui concerne les hommes, mais encore en ce qui concerne les êtres inférieurs, était reconnu comme l'effet d'une cause naturelle lorsque les morts causées par les maladies étaient encore regardées comme surnaturelles. Parmi les maladies elles-mêmes, il est à remarquer que les plus rares étaient attribuées à une influence diabolique, à l'époque où les plus communes étaient attribuées à des causes naturelles, fait qui trouve son pendant dans nos campagnes, où le paysan, dans sa croyance aux charmes, montre, en ce qui concerne les maladies rares, un reste de superstition, dont il a su se dépouiller par rapport aux maladies fréquentes, comme les rhumes. Si nous empruntons nos exemples à la physique, nous voyons que, même dans la période historique, les tourbillons étaient expliqués par l'intervention des esprits des eaux; mais nous ne voyons pas que, à la même époque, l'évaporation de l'eau exposée au soleil ou à une chaleur artificielle ait été expliquée de la même manière; cependant ce dernier phénomène est plus merveilleux et beaucoup plus complexe que l'autre; mais, parce qu'il se répète fréquemment, il a été de bonne heure mis au nombre des phénomènes naturels. Les arcs-en-ciel et les comètes font à peu près la même impression sur les sens, et l'arc-en-ciel est de sa nature le phénomène le plus compliqué; mais, principalement parce qu'ils sont beaucoup plus communs, les arcs-en-ciel ont été regardés comme dépendant directement du soleil et de la pluie, tandis que les comètes étaient encore regardées comme les signes de la colère divine.

Les peuplades qui vivent dans l'intérieur des terres doivent être restées longtemps dans l'ignorance des phénomènes journaliers et mensuels des marées, et les habitants des tropiques n'ont pas pu de bonne heure se faire une idée des hivers du Nord. Ces deux exemples prouvent ce que peut la *fréquence relative* des phénomènes sur la découverte des lois. Les animaux qui, dans les pays où ils naissent, n'excitent aucune surprise par leurs formes ou par leurs habitudes, excitent, au contraire, dans les pays où ils n'ont jamais été vus, un étonnement qui approche de la terreur, et sont même regardés comme des monstres ; ce fait peut nous en suggérer beaucoup d'autres, qui montrent que la présence ou l'éloignement des phénomènes déterminent en partie l'ordre dans lequel ils sont rapportés à leurs lois. Toutefois, les progrès de la généralisation dépendent non seulement de la place que les phénomènes occupent dans l'espace, mais encore de la place qu'ils occupent dans le temps. Des faits qui ne se produisent que rarement ou presque jamais à une époque, deviennent très fréquents à une autre époque, uniquement à cause des progrès de la civilisation. Le levier, dont les propriétés se montrent dans l'usage des bâtons et des armes, est vaguement compris par chaque sauvage : en l'appliquant à certains travaux, il prévoit sans se tromper certains effets ; mais la roue et l'essieu, la poulie et la vis ne peuvent révéler leurs propriétés, soit à l'expérience, soit à la raison, avant que le progrès des arts les ait rendues plus ou moins familières. Par ces divers moyens d'observation que nous avons reçus de nos pères et que nous avons multipliés nous-mêmes, nous avons acquis la connaissance d'un grand nombre de propriétés chimiques qui n'existaient pour ainsi dire pas pour l'homme primitif. Les différents genres d'industrie, en se développant, nous ont fait découvrir des substances et des propriétés nouvelles, et par là une multitude de lois que nos ancêtres n'auraient pu trouver.

Ces exemples et d'autres semblables qui se présenteront au lecteur prouvent que les matériaux accumulés, les procédés et les produits qui ne se rencontrent que dans les sociétés avancées en civilisation, augmentent beaucoup la possibilité de découvrir de nouveaux groupes de relations, et la facilité de les généraliser en les rendant plus accessibles à l'expérience et relativement plus fréquentes. De plus, diverses classes de phénomènes présentés par la société elle-même, comme ceux de l'économie politique, par exemple, deviennent, dans les États avancés, relativement fréquents, et par conséquent susceptibles d'être connus; tandis que, dans les États moins avancés, ces phénomènes se manifestent trop rarement pour que leurs rapports soient perçus, ou, comme dans les États les moins avancés, ne se manifestent jamais.

Il est évident que, partout où n'intervient aucune autre circonstance, l'ordre dans lequel les lois se constatent et s'établissent varie suivant la complexité des phénomènes. En géométrie, les propriétés des lignes droites ont été comprises avant les propriétés des lignes courbes ; les propriétés du cercle l'ont été avant celles de l'ellipse, de la parabole et de l'hyperbole ; et les équations des courbes simples ont été déterminées avant celles des courbes doubles. La trigonométrie plane, en raison de sa simplicité, a précédé la trigonométrie sphérique, et la mensuration des surfaces et des solides plans a précédé la mensuration des surfaces et des solides courbes. La même chose a eu lieu pour la mécanique ; les lois du mouvement simple ont été connues avant les lois du mouvement composé, et celles du mouvement rectiligne avant celles du mouvement circulaire. Les propriétés des leviers à plateaux et à bras égaux ont été comprises avant les propriétés des leviers à bras inégaux, et la loi du plan incliné a été formulée avant celle de la vis, dans laquelle elle est appliquée. En chimie, le progrès a été des corps simples aux corps composés, des composés inorganiques aux composés organiques. Et partout où, comme dans les sciences plus élevées, les conditions de l'observation sont plus compliquées, nous pouvons encore voir clairement que la complexité relative, toutes choses égales d'ailleurs, détermine l'ordre des découvertes.

Il est également évident que l'esprit va des relations concrètes aux relations abstraites, et des moins abstraites aux plus abstraites. La numération qui, sous sa forme primitive, s'appliquait seulement aux unités concrètes, a devancé la simple arithmétique dont les règles s'appliquent aux nombres abstraits. L'arithmétique, bornée dans sa sphère aux rapports numériques concrets, est également plus ancienne et moins abstraite que l'algèbre, qui s'occupe des rapports entre ces mêmes rapports. Et pareillement le calcul des opérations vient après l'algèbre, tant dans l'ordre d'évolution que dans l'ordre d'abstraction. En mécanique, les relations plus concrètes des forces, telles qu'elles se déploient dans le levier, le plan incliné, etc. furent découvertes avant les relations plus abstraites formulées dans les lois de l'analyse et de la composition des forces, et plus tard que les trois lois abstraites du mouvement formulées par Newton fut découverte la loi plus abstraite encore de l'inertie. La même chose est arrivée en physique et en chimie. Là aussi on est allé des vérités mêlées à toutes les circonstances, des faits particuliers et des classes particulières de faits, à des vérités dégagées de toutes les circonstances qui les accompagnaient et qui les déguisaient, c'est-à-dire à des vérités d'un plus haut degré d'abstraction.

Si rapide et si grossière qu'elle soit, cette ébauche d'un développement intellectuel qui a été long et compliqué démontre par les faits mêmes, j'ose le croire, le principe posé *a priori* : que l'ordre dans lequel les différents groupes de lois sont reconnus et formés dépend non d'une seule circonstance, mais de plusieurs circonstances. Nous généralisons successivement les différentes classes de relations, non seulement parce qu'il existe entre elles une certaine différence de nature, mais aussi parce qu'elles sont diversement placées dans le temps et dans l'espace, diversement accessibles à l'observation, et parce qu'elles affectent diversement notre propre constitution : ce sont là les différentes circonstances qui, se combinant à l'infini, influent sur la manière dont nous acquérons la connaissance des lois. Les différents degrés d'importance, de visibilité, de fréquence absolue, de fréquence relative, de simplicité, d'existence concrète, doivent être considérés comme autant de facteurs ; de leur action et de leurs combinaisons, en proportions toujours variables, résulte un procédé très complexe d'évolution mentale. Mais, s'il est évident que les causes prochaines de l'ordre successif dans lequel les relations se réduisent en lois sont nombreuses et compliquées, il est évident aussi qu'il existe une seule cause dernière, à laquelle ces causes prochaines sont subordonnées. Comme les différentes circonstances qui déterminent la découverte prompte ou tardive des lois ou des relations uniformes sont les circonstances qui déterminent le nombre et la force des impressions que ces relations font sur notre esprit, il s'ensuit que la marche progressive de la généralisation est soumise à un principe fondamental de psychologie. Aussi la méthode *a posteriori*, comme la méthode *a priori*, nous amène à conclure que l'ordre dans lequel nous généralisons les relations dépend de la fréquence plus ou moins grande et de l'impression plus ou moins vive avec laquelle elles se présentent à nos sens et à notre conscience.

Après ce coup d'œil rapide sur la marche de l'esprit humain dans le passé, profitons de la lumière ainsi jetée sur le présent pour voir ce qui peut la diriger dans l'avenir.

Remarquons d'abord que la tendance à croire à l'universalité de la loi est devenue d'âge en âge de plus en plus forte. Au milieu de cette multitude infinie de phénomènes successifs ou simultanés qui les environnent, les hommes ont toujours été occupés à en faire passer quelques-uns, des groupes dont la loi était encore ignorée, dans les groupes dont la loi était déjà reconnue. Et par conséquent, plus le nombre des relations qui ne sont pas encore rapportées à leur loi diminue, plus la probabilité que, parmi elles, il n'en est aucune qui ne soit pas soumise à une loi, augmente. S'il est permis d'avoir ici recours aux nombres, il est clair que si, parmi les phénomènes qui nous entourent, cent de différentes espèces se sont produits dans un ordre constant, il se forme en nous une légère présomption que tous les phénomènes se produisent dans un ordre également constant. Lorsque la constance et l'uniformité ont été constatées dans mille phénomènes plus variés dans leurs espèces, la présomption devient plus grande. Et lorsque les phénomènes reconnus comme uniformes s'élèvent à des myriades qui en renferment plusieurs de chaque espèce, on est ordinairement porté à induire que l'uniformité existe partout.

L'expérience a conduit les hommes à cette conclusion d'une manière lente et insensible. Ce qui a fait arriver les esprits à cette croyance à la constance des phénomènes, soit simultanés, soit successifs, ce n'est pas l'intuition claire des raisons que nous venons de donner, mais une habitude de penser que ces raisons formulent et justifient. En se familiarisant avec des uniformités concrètes, on a conçu l'idée abstraite d'uniformité, l'idée de loi, et dans la suite des temps cette idée a gagné peu à peu de la fixité et de la clarté. Il en a été ainsi spécialement pour ceux qui ont la connaissance la plus étendue des phénomènes naturels, pour les hommes de science. Le mathématicien, le physicien, l'astronome, le chimiste, héritant chacun de son côté des connaissances accumulées par leurs prédécesseurs, faisant eux-mêmes de nouvelles découvertes ou vérifiant les anciennes, finissent par croire à la loi beaucoup plus fermement que le commun des hommes. Chez eux, cette croyance, cessant d'être purement passive, devient un puissant mobile qui les portera à de nouvelles investigations. Partout où il existe des phénomènes dont la cause n'est pas encore connue, ces esprits cultivés, poussés par la conviction que, là comme ailleurs, règne un ordre invariable, se mettent à observer, à comparer et à expérimenter. Et lorsqu'ils sont parvenus à découvrir la loi qui régit les phénomènes, leur croyance générale à l'universalité de la loi acquiert une force nouvelle. Tel est l'empire de l'évidence, tel est le pouvoir de la science, que, pour celui qui est déjà avancé dans l'étude de la nature, il est devenu impossible, je ne dirai pas de croire, mais presque de concevoir qu'il y ait des phénomènes sans loi.

Cette habitude de reconnaître partout une loi, habitude qui déjà distingue les penseurs modernes des penseurs anciens, ne peut manquer de se répandre parmi les hommes en général. L'accomplissement des prédictions qu'on peut faire à chaque découverte nouvelle, et l'empire de plus en plus grand que l'on acquiert sur les forces de la nature, prouvent à ceux qui ne sont pas encore initiés la valeur des généralisations scientifiques et des connaissances qu'elles résument. L'instruction, en s'étendant, répand chaque jour dans les masses cette connaissance des lois qui n'a appartenu jusqu'à présent qu'au petit nombre; et, à mesure que cette diffusion des connaissances augmentera, les croyances des savants deviendront les croyances du genre humain tout entier.

La conclusion que la loi est universelle deviendra d'une évidence irrésistible lorsque l'on aura compris que *le progrès dans la découverte des lois est lui-même soumis à une loi*, et que par là même on aura compris pourquoi certains groupes de phénomènes ont été rapportés à leur loi, tandis que d'autres groupes ne l'ont pas encore été. Quand on aura vu que l'ordre dans lequel les lois sont reconnues doit dépendre de la fréquence avec laquelle les phénomènes se renouvellent sous nos yeux, et de l'impression plus ou moins vive qu'ils font sur nos sens et sur notre conscience; quand on aura vu qu'en fait les phénomènes les plus communs, les plus importants, les plus remarquables, les plus concrets et les plus simples, sont ceux dont les lois ont été les premières reconnues, parce qu'ils se sont offerts le plus souvent et le plus distinctement à l'observation, on en conclura que, longtemps après que la grande masse des phénomènes aura été rapportée à ses lois, il restera toujours des phénomènes dont la loi ne sera point connue, parce qu'ils sont rares, ou peu remarquables, ou peu importants en apparence, ou complexes, ou abstraits. Ainsi, on trouvera la solution d'une difficulté que l'on soulève quelquefois. Quand on demandera pourquoi l'universalité de la loi n'est pas encore complètement établie, on pourra répondre que les phénomènes auxquels on ne l'a pas encore étendue sont ceux auxquels on ne pourra l'étendre qu'en dernier lieu. L'état de choses dont nous pouvons prédire le retour est précisément l'état de choses que nous voyons exister maintenant. Si les phénomènes simultanés ou successifs de la biologie et de la sociologie n'ont pas encore été rapportés à leurs lois, il faut en conclure non que ces lois n'existent pas, mais que jusqu'à présent elles ont échappé à nos moyens d'analyse. Ayant depuis longtemps constaté l'uniformité qui règne dans les groupes inférieurs de phénomènes, et ayant constaté la même uniformité dans les groupes supérieurs, si nous n'avons pas encore réussi à découvrir les lois des phénomènes de l'ordre le plus élevé, nous n'avons pas le droit de nier l'existence de ces lois; mais nous pouvons conclure que la faiblesse de nos facultés nous a seule empêchés de les découvrir ; et, à moins qu'on ne pousse l'absurdité jusqu'à prétendre que le procédé de la généralisation, dont la rapidité devient de plus en plus grande, ait maintenant atteint ses limites, et doive s'arrêter tout d'un coup, nous devons inférer que le genre humain finira par découvrir un ordre constant de manifestation jusque dans les phénomènes les plus complexes et les plus obscurs.

FIN

TABLE DES MATIÈRES.

FIN DE LA TABLE DES MATIÈRES.

Poitiers. — Imprimerie Poitevine, place du Collège.

www.ingramcontent.com/pod-product-compliance
Ingram Content Group UK Ltd.
Pitfield, Milton Keynes, MK11 3LW, UK
UKHW020141200726
13856UKWH00003B/784

9 782013 457125